圖解

微分・積分

$$\int_a^b f(x)dx = [F(x) + C]_a^b$$
$$= F(b) - F(a)$$

$$f'(a) = \lim_{\Delta x \to 0} \frac{f(a + \Delta x) - f(a)}{\Delta x}$$

$$\int x^n \, dx = F(x) + C = \frac{1}{n+1} x^{n+1} + C$$

監修◎深川和久

積木文化

前言 ···

　　提到微積分的相關著作，從非常基礎到十分專業早已有相當
多的書籍問世。

　　若問本書有什麼不一樣，整體看來，等於要回答**「微積分是
什麼東西？」雖然我的書頁數比較少，但比起其他書籍在解答、
提示或圖像上，卻投入更多的熱情和工夫。**

　　舉例來說，請試想這樣的場景：

　　走在經常路過的街道上，你發現路旁有座超過自己身高的
圍牆，那牆內的世界，對我們來說就像微積分。關於這「微積
分」，你可能並不是很熟，卻大概有點了解，而且一直想要知道
更多，所以總有一天，你會踩上路旁的石板（也就是本書）墊
高身體，看看牆裡面是怎麼回事。雖然只能看到一部分，卻很清
楚，然後還有引導人（也就是本書）繼續介紹內部的事物，體驗
簡單的練習，讓大家更深入了解微積分的厲害和有趣的地方。我
們期待這將能觸發你想要深究的興趣。

　　第一章先讓大家接觸微積分大致的面貌，進而認識微積分，
所以不會使用很多公式，而是以身邊的例子和一些歷史故事做說
明。

　　接下來的章節，為了讓大家著手簡單的練習，會從基礎數學
開始說明，慢慢進展到簡單的微積分。

　　相較之下，本書會比起使勁解釋複雜計算技巧的書籍更用心地說明微積分的意義。在版面設計上，我們把文章放在左邊、圖解說明放在右邊，讓大家可以清楚地閱讀、更容易了解。一些初學者很難理解的公式和基礎運算，也有很清楚的插圖說明。

　　身為本書的審訂，我為以 art supply 的中島洋一先生為主的執筆者確認內容。請享受插畫家 matsu 所繪的可愛圖片。希望這本書可以得到許多讀者的肯定。

深川和久

圖解 微分‧積分

目 錄

2章 熱身！在進入微分和積分之前

3章 **意外地簡單！輕鬆理解微分**

3-1 **微分的計算** ··· 78
如果只是計算的話小學生也會！

4章 **一定做得到！快速輕易地了解積分**

5章 進入本章時您已經是專家了！微積分的應用

不用數學公式！
用圖像了解微分和積分

1-1 微分・積分一點都不難

為什麼會被誤解為很難呢？

對微積分敞開你的心胸

微分和積分在高中數學裡是大魔王，也就是最難過的一關。有很困難的數學符號、複雜的計算、從一開始的觀念就覺得很難，是不是很多人都有這種的想法呢？

從那之後就開始對微積分產生很多誤解，微分和積分並不是那樣可怕的傢伙。簡單說起來，就是「**求瞬間的變化量＝微分**」和「**求總和＝積分**」，如此而已。這樣聽起來，是不是感覺沒有那麼困難了呢？咦～還是有點似懂非懂？好，關於這點，我們更詳細點說明為什麼會產生「微積分很難」的念頭。

其中一個理由就是，學校所教的習題和計算方法太過複雜艱深。特別是大學入學測驗等考試所出的問題，極端地說，考試是為了測驗出學習的優劣，所以提高問題難度是必要的。因此，比起教育目的之本質，複雜的方法和技巧反而顯得比較重要，一些艱難、奇怪的問題似乎更受到推崇。

舉例來說，在學校都是微分教完再教積分，這是因為從計算單純的微分開始著手，可以提高教學效率。

事實上，用圖像理解積分會讓學習變得更簡單，即使從數學的歷史來看，積分的產生也比微分更早。因此在本章節，我們用「積分→微分」的順序逐步說明，至於數學上的特殊算式和證明之類的，雖然也想早點著手，卻因為它們太過艱深、不親切，所以還是先從掌握圖表開始吧，**微分和積分非常深奧，我們應該先從有趣的思考方式開始。**

對微分和積分的誤解

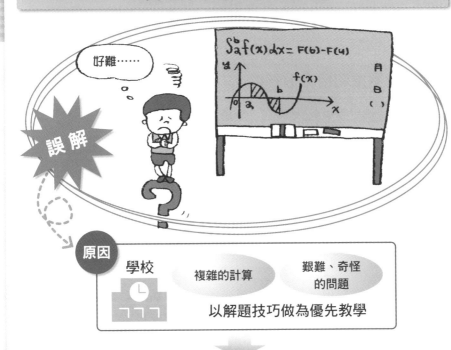

誤解

好難……

$$\int_a^b f(x)\, dx = F(b) - F(a)$$

f(x)

原因

學校

複雜的計算

艱難、奇怪的問題

以解題技巧做為優先教學

實際上並不困難，而且非常有趣！

當積分開始的時候

古代 ●┄┄┄ **積分** 為了測量面積而發明

17 世紀 ●┄┄┄ **微分** 被數學家發明

用圖像了解積分會讓學習變得更簡單

1-2 3分鐘將積分具體化

用加法求總和的終極方法

連環動畫書和積分很相似

所謂積分，就是簡單的「求取總和」，換個具體的說法，就是一點一點累積微小的變化，最後得到總和。

學校的教科書上是不會有連環動畫書這種東西吧？但看過連環動畫書的你，其實已經在不知不覺中與積分見過面了。

舉例來說，一本在杯中倒入牛奶的連環動畫書，每翻過一頁，杯中的牛奶就會畫得高一些，表示牛奶比上一張多增加一點，直到最後一頁，杯中的牛奶就倒成了滿滿一杯。**累積每一頁的圖畫後，就出現了牛奶倒入杯中的動態，將它們全部加起來，便完成了滿滿一杯牛奶，也可以說是「積頁成書」。**

長方形的面積是〈縱向長度〉×〈橫向長度〉，如果換成箱子的體積，只要再乘上高度就行了。但像是湖泊或輪廓複雜的雕像等形狀不規則的物品，則無法沿用這種單純的方法求得面積或體積，這時就能使用積分。積分通常能輕易地求出這些總和。

雖然積分的計算過程有點麻煩，但多虧了電腦優異的計算能力，不僅能省時便利地處理，也讓我們有能力與技巧對付更複雜、麻煩的積分。

用連環動畫書表現積分

> 積分 ＝求取總和

連環動畫書實際上就是積分！？

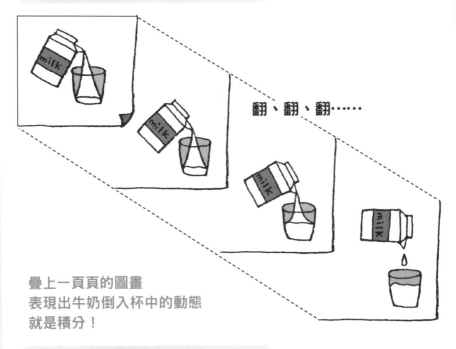

翻、翻、翻……

疊上一頁頁的圖畫
表現出牛奶倒入杯中的動態
就是積分！

用積分求取總和

湖泊 　積分 ➡ 湖泊的面積

雕像 　　　　 雕像的體積

3分鐘了解積分

對什麼做積分可以得到什麼結果？

積分的三個要素

　　「以加法計算總數」就是所謂的積分，但是相加些什麼？又可以得到什麼東西的總和？許多人還是沒有什麼概念吧！？其實**積分的要素有三個：「A 對 B 做積分可以得到 C」**。如果可以很「上手地」判斷出 A 與 B 是何者，C 也就可以順利地求出來了。

　　前述的連環動畫書例子提到 A（書中的插畫）對 B（附上插畫的頁面）做積分就可以得到 C（倒入牛奶的樣子）。只可惜，這也只是捕捉積分樣貌的概念，和我們心中想要學會的積分還有些差距。

　　所以，讓我們看看需要經過計算的範例吧。為了求得 C（湖泊的面積），我們決定 A（垂直的長度）對 B（水平的長度）做積分。是不是開始產生些疑問了呢？垂直是哪邊？能不能變成 B 對 A 做積分？該怎麼「上手地」判斷這些問題，就是關鍵！

　　所謂「A 對 B 做積分」，實際分解計算過程，就是每個分割成小單位的 A'（某處的垂直距離）×B'（極短的水平距離）之加總。**也就是當 A 和 B 的相乘成立時，就可以求得有意義的 C。**因此，分割成小單位的垂直距離，也可以換成水平方向。為了求得最接近正確的 C（湖泊面積），而把 B 分割成如右圖的微小距離 B'，其實就是積分的關鍵步驟之一（詳細內容會在第 4 章說明）。同樣的，想要求得 C（雕像的體積），可用 B（高度）對 A（截面積）做積分。

了解積分的組成要素

Ⓐ 對 Ⓑ 做積分 = Ⓒ

連環動畫書

書中的插畫 對 **有附上插畫的頁面** 做積分
　Ⓐ　　　　　　Ⓑ

= **牛奶倒入的樣子**
　　　　　　　Ⓒ

形狀不規則之湖泊面積

垂直的長度 對 **水平的長度** 做積分 = **湖泊的面積**
　Ⓐ　　　　　Ⓑ　　　　　　　Ⓒ

雕像體積

截面積 對 **高度** 做積分 = **雕像的體積**
　Ⓐ　　　Ⓑ　　　　　　Ⓒ

1-4 3分鐘將微分具體化

所謂微分是指捕捉瞬間樣貌的終極方法

用相機快門捕捉瞬間的樣貌

所謂微分是指「**求瞬間的變化量**」。從前要捕捉瞬間動態的樣貌，除了在腦中想像外，就沒有其他法子了，光用頭腦想像是很辛苦的。但是，科技、文明發達的當今，已經發展出一個能完美呈現瞬間的東西了。沒錯！就是照相機。

用相機為大力揮動雙手的朋友拍下照片，就可以捕捉這個動作的瞬間。「那皺在一起的奇怪表情，還有彷彿能撕裂東西般揮動的雙手」，你可能已經發現其中有些玄機了吧。**對映入眼簾的連續動作，我們的眼睛無法直接擷取，但能用相機將這個瞬間捕捉下來，這個捕捉的動作正好與微分一致。**

電車緊急煞車讓人有搖晃的感覺

捕捉瞬間這件事，除了那「一瞬間」的樣貌，還有一個關鍵要素：瞬間的變化量。

我們能很快地在腦中想像停車時所造成搖晃的畫面。在月台緩慢、平滑地減速並靜止停下的電車上，與在行駛中急速停止下來的電車上，我們的身體會感覺到不同程度的搖晃。**電車停止向前而讓我們感覺到的力量，就是所謂的瞬間變化量。**

右邊兩張圖片中，捕捉瞬間樣貌就是微分的意義。

將拍攝照片和停止電車以圖像表示

微分 ＝求瞬間的變化量

按下相機快門得到的照片

按下快門
得到照片

照片捕捉到的瞬間就像做了微分一樣

電車停止的樣子

緊急剎車

電車停止所造成搖晃的動作就像做了微分

所謂的微分就是把瞬間樣貌捕捉成圖像

1-5　3分鐘理解微積分的終極方法

對什麼做微分可以得到什麼結果

微分的三個要素

　　用微分求瞬間變化量，也就是捕捉瞬間樣貌的圖像吧？在使用微分時，同樣有三個要素：「A 對 B 做微分就可以得到 C」。在照相的例子中，A（努力揮動雙手的朋友）對 B（時間〔快門按下的瞬間〕）做微分，C（朋友揮動雙手的瞬間）就變成照片。在電車的例子中，則是 A（電車停止的速度變化）對 B（時間）做微分，就會得到我們要求的 C（停車讓身體感受到的力量）。

　　在這兩個情況下，B 都是時間。所謂的微分，是為了求得某點的變化量，所以很容易從我們的日常生活中找到例證並做成示意圖，而扮演 B 的角色則通常是時間居多。

試試用無關時間的例子做微分

　　要用無關時間的例子做微分，我們不妨試試計算水的重量吧。A（水的重量）對 B（水的體積）做微分會得到什麼結果呢？當水的體積增加時，水的重量也會因為體積增加而上升。「瞬間的變化量」就是在這個情況下產生的，這就是水的邊際體積（水的邊際體積：變動一單位水的體積，會讓重量產生多少的變化）。

　　正確地說，會得到 C（水的密度），所謂密度就是每一單位體積有多少重量。順帶一提，水的重量和體積的關係可以用右圖表現。是不是開始覺得有點困難呢？不用擔心，這是因為微分比積分更難用圖像表達。1-6 敘述的數學歷史也證實了，較容易用圖像表示的積分比微分更早被使用。

了解微分的基本要素

Ⓐ 對 Ⓑ 做微分 = Ⓒ

照相

用圖表達微分概念

努力揮動雙手的朋友 對 **時間** 做微分
　　　　Ⓐ　　　　　　　Ⓑ

＝朋友揮動雙手的瞬間樣貌
　　　　　　　Ⓒ

電車

用圖表達微分概念

電車停止的速度變化 對 **時間** 做微分
　　　Ⓐ　　　　　　　　Ⓑ

＝停車讓身體感受到的力量
　　　　　　　Ⓒ

水的重量和體積

水的重量 對 **水的體積** 做微分 ＝ **水的密度**
　　Ⓐ　　　　　Ⓑ　　　　　　　Ⓒ

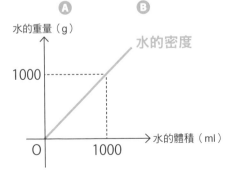

微分‧積分的歷史①

為什麼積分是必要的知識？

發展積分的起源是在洪水之後

為什麼微分和積分如此重要呢？回溯歷史會發現微積分逐漸開始在許多不同的情況下被需要，這也被認為是學術發展的起源。

歷史上首先發展的是積分，讓我們一直追溯到三千年前的古代埃及，每當大雨來臨時，尼羅河流域的水量就會增加，並且引發大洪水。洪水沖積而下的肥沃土壤，可以將沙漠地區孕育得綠意盎然，這也是文明發展的起源地。

只是洪水過後，洪流會完全改變河道和土地形貌。即使領土的界線大到從這個山頭到那條河流，但每當洪水來臨、地形大大改變原貌後，就必須重新公平地劃分土地。

怎麼規劃形狀變成彎彎曲曲的土地？**積分就是為了能容易計算曲線圍成的土地面積，而創造出來的方法。**

古埃及人用盡心力研究出的方法

古埃及人想到以繩子測量長度來計算土地面積。他們如右圖一般，先將形狀簡單的長方形適當地放入大小剛好的空間中，如此大致分割後，再仔細地放入適當的細小圖塊，我們將這個接近真實面積的計算方法稱做**窮盡法**（method of exhaustion）。經過數學的淬鍊後，就與積分產生了連結。

求取曲線圍成的面積

因洪水而被改變的尼羅河道

每當洪水來臨後，就必須重新公平地劃分土地……

洪水前

洪水後

想要測量變得複雜的土地面積

窮盡法　在間隙中放入適當大小、形狀簡單的面積

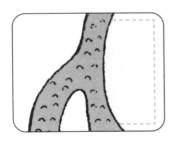

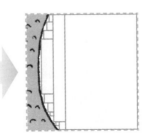

**計算複雜形狀面積的方法與
積分產生了連結**

1-7 微分・積分的歷史②

發現微分和積分的大功臣——牛頓

微分和積分從 17 世紀開始成為一門學問

古埃及建立積分的基礎後，由古希臘數學家阿基米德接棒，展開了一連串的發展。只是在那之後有很長一段時間，微分和積分之間的關係仍然沒有被發現。沒錯，如今與積分合開一堂課的微分，其實從未被放在一起討論。隨著時間的推移，直到 17 世紀，歐洲的兩位天才，才將微分與積分變成了一門顯學，並得以繼續發展。

牛頓在二十幾歲時發明了微分和積分

首創者艾薩克・牛頓為舉世皆知的天才。以發現萬有引力而家喻戶曉的牛頓，從物理學的運動法則中，發展出稱為流數法的微分與積分之概念。其因為能描繪物體如拋物線等類似的運動過程而受到注目。這個流數法和我們現在所學的微積分之符號與思考方式有些不一樣，有著非常困難的內容。相傳牛頓二十幾歲就發現了流數法，只是為了慎重，所以公開發表這個論文時已經四十幾歲了。其實，創始者究竟是另一位天才萊布尼茲還是牛頓有相當大的爭議。

另外，因為被發現會週期性出現而聲名大噪的哈雷彗星，就是牛頓的朋友應用其理論計算而發現的週期，並成功地預言了這顆彗星的出現。

牛頓的貢獻

發現來自物理
學上的流數法
（微分和積分）

萬有引力
法則

光的頻譜
（光譜）分析

艾薩克·牛頓（1643~1727）

出生於英國。哲學家、數學家、物理學家。古典基礎力學的奠基者，發現萬有引力。據說因為看到樹上掉下的蘋果而發現萬有引力的這個故事其實是虛構的。　　　編注：牛頓的出生年分為新曆（1643-1727）或舊曆（1642-1726）

流數法

從物理學中發明的微分和積分，但其符號不僅在使用上相當不方便，也不容易想像

◉ 哈雷彗星的發現

哈雷是牛頓的朋友，他運用牛頓的理論，預測某顆彗星約每 76 年會靠近一次地球。哈雷過世後那顆彗星的確準時出現，驗證了預言。

1-8 微分・積分的歷史③

發現微分和積分的大功臣──萊布尼茲

第二位天才萊布尼茲

和牛頓生於同一時期，從加法與減法的概念中發現微分和積分的是**哥特佛萊德・萊布尼茲**。萊布尼茲不僅是一位學者，同時也是外交官、工程師與柏林科學學院創辦人等，是個在所有領域中都能發揮才華的萬能天才。

萊布尼茲為世界上最先發表微積分的人，但事實上，如前所述，牛頓早在十幾年前就已經先發現了，發表與發現地先後順序恰好相反。使得萊布尼茲偷走牛頓創意的爭論，直到萊布尼茲過世後仍舊持續著。

如今已知兩人發表的微積分思考條理彼此不同，也有各自的見解，因此都認為自己才是發現者。

許多學者的貢獻，微積分進步

現在我們所學的微分符號「$\frac{dy}{dx}$」和積分記號「$\int$」（integral），是萊布尼茲所提出的，他花了畢生的時間致力於將各式各樣的數學理論符號化。

經過萊布尼茲（發明「y'」之類的符號）和尤拉等人將微積分整理成具有深度的學科。在埃及萌芽的微積分，沉睡數千年後，於 17 世紀覺醒了。經過約一百年的淬煉，不僅成為今日人人都可輕易了解的微積分，也因為在各種不同學科上的應用而大有成長。

萊布尼茲的貢獻

從加法與減法的概念中發現微分和積分

理論計算的創始人

創辦柏林科學學院

萊布尼茲（1646~1716）

出生於德國。身為哲學家、數學家與科學家的同時，在政治家和外交官的身分上也能展現才華。

萊布尼茲發明的符號

$$\frac{dy}{dx}$$ ➡ 表示 y 對 x 做微分

積分符號

$$\int$$ ➡ 表示要進行積分

萊布尼茲發明的符號

微分符號

$$y' \quad f'(x)$$ ➡ $'$ 表示要進行微分

集結眾多數學家的心血結晶
才有今日的微積分

1-9 近在身邊的微分①

微分如同回答最近的忙碌程度

當你聽到「你最近忙嗎？」的時候……

聽到「你最近忙嗎？」的時候，你會怎麼回答呢？稍稍思考一下，然後回答「嗯～馬馬虎虎吧！」還是會立刻回答「我最近很忙」？

聽到這樣的問題時，如果是你，會要思考多久呢？他問的是當下這個時間點嗎？或者是這星期？還是這個月？亦或是最近半年？甚至是這一年？答案多半會因為問你問題的人而有所不同。

如果在五十年後的同學會上遇到好久不見的老友，最近也許指的是近十年。

最近指的是從何時到何時？有多忙？

一小時、一整天、一星期、一年、……，在這麼長的一生中，要選擇多長的時間單位是很困難的。舉例來說，在經營管理上，以前是用年度總預算做收支報告，現在則大多是以每季（三個月）總預算做為收支報告。就經營管理方面來說，即時了解當下的收支是必要的。相對來說，「你皮膚的狀況如何？」，報告每一秒的狀況就有點沒意義了。

有時候忙，有時候不忙，其實想要好好回答整段期間的狀態是滿因難的。**如果你選擇回答一個時間點的狀態，那就相當於微分了。**所以有時在回答「最近你忙嗎？」的問題時，是需要用到微分的喔。

微分與回答近況的意外關係

兩個問題

所謂的最近是多長的時間單位？

要用什麼標準判定忙碌程度？

當你回答最近（有瞬間的概念）的忙碌程度（變化量）時！

 想要準確地回答近況，就必須使用微分的概念

1-10 近在身邊的微分②

微分──腳下的平地是圓形的地球

地球對腳下這一點做微分會得到什麼？

有點奇怪吧，我們腳下的地面是平的，家裡的地板和大樓的地面都是平的，但是等一下，地球是圓的行星吧？為什麼腳下是平坦的呢？那是因為對我們來說地球非常巨大，所以腳下的以及和建築物差不多大小的範圍幾乎都是平的。也就是雖然地球是圓的，但因為它相當大，所以我們站立的範圍對地球來說是極微小的面積，進而可將這一小塊區域視為平面。

把圓形的地球做微分所得的結果，就會是這樣的平面。雖然我們稱微分是「求瞬間的變化量」，但指的是用時間做微分，當我們對腳下站的位置做微分時，則稱為「求一點的變化量」。所以，**如果對我們腳下這一點的地球表面做微分，就是求取通過這一點的平面**。如果我們開始繞著地球移動，腳下的地面就會隨著地球的圓周，角度一點一點地傾斜。

讓我們試試畫出地球圓周的切線

更簡單地說，就是先試著將地球視為一個平面的圓形吧。

想像我們站在赤道上，並用赤道切開地球，然後從剖面的方向看地球。我們會站在像赤道這樣大的圓周上，如果赤道對腳下的一點做微分，就會如右圖所示，即是求腳下與圓周相切的直線。

將圓形的地球微分成平面

圓形的地球

平坦的地面

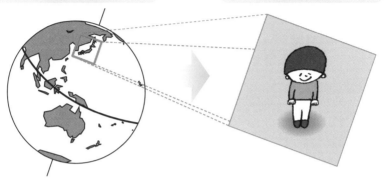

對腳下這一點的地球表面做微分，
就是求取通過這一點的平面

將立體的地球看成平面圓形時

地球剖面上的切線

平坦的地面

把赤道做微分的話，
即是求取腳下這一點的切線。

近在身邊的積分①

積分如同料理的火候

為了控制熱度就必須改變火候

控制料理的火候是基本功，但常被認為是很難掌握的技術。「用大火讓鍋子沸騰後，用中火煮 30 分鐘，如果有時間，可用小火燉約 1 個小時左右……。」這樣的步驟在料理書籍上的食譜都有記載。我們知道先將鍋子加熱，是為了讓熱度滲透鍋中食材，但為什麼要不斷地改變火的大小呢？

「不要讓表面有燒焦的樣子」、「想慢慢熬煮到蒸氣瀰漫的時候」、「想要花時間將食物煮到入味」……，食材依據想要做出的料理不同而有些微不同的處理方式，這是很常見的。最基本的是熱度要維持得當，並且盡量在火候增加時不要讓食物表面變得焦黑。

持續開著大火，即使只多個 10 秒，不僅會讓食物燒焦，也可能使湯沸騰而溢出。因此，才要用小火慢慢將料理完成。

舉例來說，如果是燉煮，將水煮到沸騰時要用大火，再來是用中火煮個 15 分鐘，最後再用小火約煮 1 小時。

我們要用什麼樣的火候、花多少時間，如右圖所示，橫軸為時間，縱軸為火力大小。但要如何用火候與時間表示熱度呢？於是我們決定用火候的大小乘上花費的時間，就可用圖上的面積表示熱度。將火候大小當做車子加速，在目標熱度尚未達到之前，如果不要想讓熱度一下子超過太多，就要慢慢地調節上升速度。

對料理達人來說，或許在無形之中，腦中早就知道用時間對火候做積分，可以得到熱度的概念了。

積分和料理間的意外關係

燉煮時的火候順序

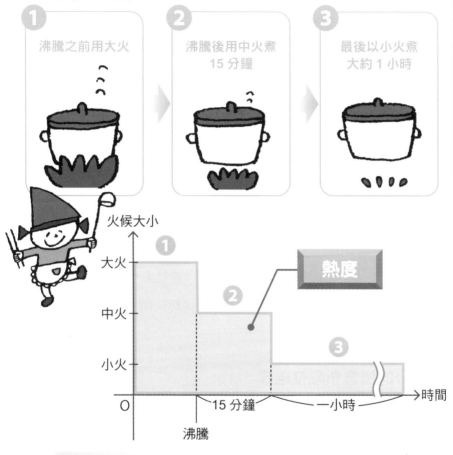

1 沸騰之前用大火

2 沸騰後用中火煮 15 分鐘

3 最後以小火煮 大約 1 小時

火候大小

1

熱度

大火

2

中火

3

小火

O

15 分鐘

一小時

時間

沸騰

料理的火候掌控是以時間對火力做積分 得到的適當熱度

很會料理的人也許 也很會積分喔！？

1-12 近在身邊的積分②

數位組成和積分的概念相似

所謂的數位資料是零散方式組成的階梯狀資料

最近的音樂市場中，黑膠唱片之類的產品，大概只有對音樂有高度興趣的人才會購買，數位資料像是 CD 或從網路下載，幾乎已經成為主要趨勢。事實上，數位資料和積分概念非常相似。

所謂的數位資料，是將平滑的類比資料作細部分解，為了看起來很靠近真實值，所以是以微小零散方式組成的階梯狀資料。將音樂以數位資料的方式組成，簡單地說，是將每個音色的平滑波形，如右圖般在時間上做細部切割，將不平順的音波變得更平滑（做細微切割），一直切割到人類耳朵無法辨識的平滑。想不到 CD 中的數位資料竟然可以一秒鐘內分割了 44,100 次吧。

因為資料數位化、符號數字化的緣故，所以能做到任何寫入或複製的動作。

積分的概念和數位組成

為了讓靜態的圖畫如同連環動畫書一般地動起來、為了算出蜿蜒河川附近的土地面積，古埃及人用窮盡法（P.24），以容易計算的圖形測量面積。

積分就是為了求得 C（總和），盡可能地將 B（時間等）切割得細微，再做加總。換句話說，是用被細微切割的部分算出準確的 C。沒錯，**積分這個動作，是想讓零散的數位資料看起來很像平滑的類比資料，雖然這和做成數位化的目的不太一樣，概念卻是相同的。**

所謂的數位資料

數位資料　　將平滑的類比資料分解後，
再存入零散的近似值

周遭蜂擁而至的數位化訊號

➡ 緣自於黑膠唱片的數位資料

CD　　　**DVD**　　　**數位訊號**

數位化和積分的關係

CD 的數位音波

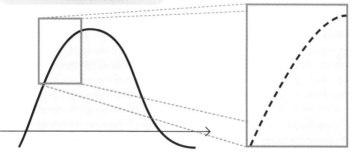

數位化	**積分**
為了形成如同平滑的類比資料，而將資料做細微切割	為了求得正確的總和必須做出的細微切割

數位組成和積分過程的概念相同

1-13 積分和微分的關係

微分之變化量與積分之總和的關係

將微分的結果做積分是不是會還原？

微分和積分總是被一起處理，在前述的例子中，直覺強的你也許已經注意到了，「微分＝求瞬間（一點）的變化量」和「積分＝求用微小變化量累計而成的總和」，其實就像是加法與減法，互為反向操作；也就是說，當你做完積分後再微分，就會回到原來的式子。

舉例來說，連環動畫書中對圖片的積分與相機按下快門對動態的微分，彼此的動作是不是很相近呢？我們用相同的例子來想想看吧。

A（書頁上角落的插畫）對B（附有插畫的頁面）做積分，就可以求得C（牛奶倒入杯中的樣子）。反過來，A（牛奶倒入杯中的樣子）對B（按下快門的時間點）做微分，就會得到C（牛奶到入杯中的瞬間樣貌）。所以「牛奶倒入杯中瞬間的靜止畫面」和「牛奶倒入杯中的動態」可以來回反覆用微分與積分求得。

對「瞬間（一點）的變化量」做積分，會得到「總和」；對「總和」做微分，會得到「瞬間（一點）的變化量」，這個也許很難用圖像表現，但試著體會電車停止時的力量或以不規則曲線所包圍的面積之類的例子，其實全是用微分和積分在做正反操作罷了。

如何在腦中想像一瞬間（一個點上）與大量瞬間的總和？並且如何具體實行？這是數學領域的工作，我們將會在下一章好好了解。

微分和積分被視為一體的理由

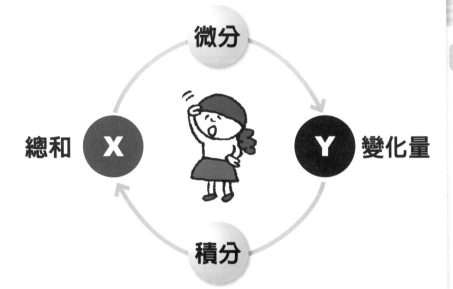

微分

總和 X Y 變化量

積分

牛奶倒入杯中的圖片

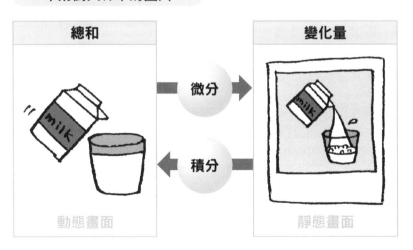

總和		變化量
	微分 →	
	← 積分	
動態畫面		靜態畫面

微分和積分互為反向操作

1-14 總結微分和積分可以辦到的事

比較微分和積分的特徵

積分可以辦到的事

積分是將切成微小的區塊做加法而求得的總和，為了求得如同連環動畫書的動態畫面，把各個靜止畫面加起來；或是求取形狀不規則的湖泊面積時，將切成薄片的面積加總。

在組合微小事物或制定達成目標等情形中，可以用簡單的圖像輕易地表達總量。若再搭配上時間，例如使用過去的資料對總量做出測量和分析時，便常常使用積分。

不過，雖然很容易用圖像表示積分，但往往在實際計算時是很困難。

微分可以辦到的事

微分是求取僅僅一瞬間或一點的變化量，即使是動態的事物，也可以捕捉瞬間的樣貌。例如：電車煞車時人們的姿勢，或是球體表面某點所連接的平面，都可以使用微分。

微分和積分互為反向運算，目的在求取全貌中某一瞬間或某一點的變化量，很難用圖像表達。微分時常用來描述全貌的大致輪廓，並且能達到很好的效果。不僅如此，計算上也簡單得多。舉例來說，當求某一時間點上的變化量時，某種程度上因求出趨勢，而能預測下一個動作，所以常應用於根據現今走勢預測未來。

積分很容易以圖像表達，但計算很難

 ＝將分成微小區塊做加法所求得的總和

總和　**C** ＝ (+ + + +) **A**

└── **B** ──┘

A 對 B 做積分，就可以得到 C

積分的特徵	● C（總和）容易用圖像表達 ● 常常用於了解過去的情況（當 B 是時間） ● 計算很困難

微分不容易以圖像表達，但計算很簡單

微分 ＝求取僅僅一瞬間（一點）的變化量

變化量　**C** ＝ **B** **A**

A 對 B 做微分，就會得到 C

微分的特徵	● C（變化量）不容易用圖像表達 ● 常常用於分析未來的情況（當 B 是時間） ● 計算很容易

股價可以用微分來預測嗎？

常見的統計學中也有運用微分。例如，股票價格的變化用圖表呈現會比起直接閱讀數字更清楚易懂。在分析股票價格時，雖然用 1 天、1 個小時、1 分鐘……能將時間分割得較詳細，但 1 個月時間長度的股價可以更準確、清晰地描繪未來趨勢。其實這就是用時間對股價微分。再者，微分之結果可以針對股票價格的走勢變化做某種程度的預測。

股票價格的變化，有上漲、下跌與持平三種，能用圖表示走勢是很重要的。微分出的股價趨勢，如果最末端是陡峭地向右上方傾斜，股價可能會持續上漲；如果是反方向的話，則可以預測股價會下跌。像這樣搭配數學或統計學的應用可以增加投資獲益，或是降低風險。投資銀行雖然使用最尖端的金融學來產生巨額利益並製造話題，但其致命缺點就是，未來的股票價格變動只能依靠預測。事實上，2008 年的金融海嘯中，美國的投資銀行產生了龐大的損失，顯然只靠公式進行投資是多麼危險的啊。

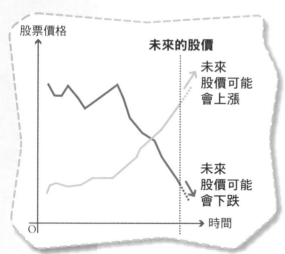

股票價格

未來的股價

未來
股價可能
會上漲

未來
股價可能
會下跌

O　　　　　　　　　　　時間

熱身！
在進入微分和積分之前

2-1 數線的偉大發明

可以一眼看出數字大小的方法

笛卡爾發明數線

在進入微分與積分之前，本章節先來談談關於數學的基本知識，如果你覺得太簡單了，就直接跳過吧。

17 世紀時，為了可以一眼看出數字的大小，想出在直線上表現數字的方法。直到今日**數線**已被視為再理所當然不過的東西。想想看如何不用數線來表達 0 和負數，很難在腦中浮現比數線更容易的方法吧。

直到知名的學者**笛卡爾**想出數線之前，中世紀的歐洲人還很難接受 0 和負數的概念。

即使在數學計算外也常常使用便利的數線。

數線是直線的延伸應用，我們將數字 0 當作原點，附上等距離的刻度，再寫上想要表達的數字範圍 1、2、3……或 5、10、15……等，給他們剛剛好的數字。一般來說，我們將原點右方視為正值，在繪製數線的一開始，先畫上箭頭指向正值的方向，而原點左方則是 -1、-2、-3……的負數。

箭頭的末端，則寫上數字表示的物品，像是「氣溫」、「時間」、「x」等等。

將數字放入數線上後，7 和 77，以及 7 和 -63 之間有相同的差距，便一目了然了。

該如何表示 0 和負數

一般人很難理解 0 和負數的概念

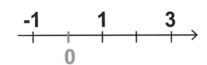

因為笛卡爾的發明，
0 和負數可用圖像表達

笛卡爾

數線的描繪方法

基準點（原點）

等距離的刻度

正值的方向

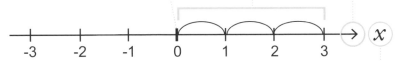

值的內容

各式各樣的數字分類法

可以用微分和積分處理的數

實數分為有理數與無理數

在我們的日常生活中可數的數字有 1 個、2 個、10 個、100 元、100 公尺……之類的，常見的幾乎都是**整數**，還有像 $\frac{1}{2}$、$\frac{1}{3}$、0.5、-7.5……之類的分數和小數，都可稱為**有理數**。有理數是能用分數形式（像 $\frac{1}{1}$）表示的數。雖然我們在這裡不詳細說明循環小數，但像 0.6666…這樣可以反覆循環的小數，也一定可以用分數表示。

反之，無法以分數表示的數又有哪些呢？在非循環小數中，有些大家都知道的有名數字，沒錯，3.141592…也就是 π（圓周率）。再舉一個例子，「一（日文的：1 的諧音）夜（日文的：4 的諧音）一（日文的：1 的諧音）夜（日文的：4 的諧音）に（日文的：2 的諧音）人（日文的：1 的諧音）見（日文的：3 的諧音）頃（日文的：5 和 6 的諧音）（1.41421356…）」也就是 $\sqrt{2}$。像這樣無法以分數表示的數我們稱為**無理數**。順帶一提，只要不是完全平方數的平方根，就是無理數。

有理數和無理數合稱為**實數**。實數之外，稱為虛數。**本書的微積分只討論到實數部分。**

在數線上表現實數

實數中不易理解的複雜分數或無理數都可以在數線上表達。一旦畫到數線上，數的大小就可以一目了然，$\sqrt{2}$、$\sqrt{3}$、$\sqrt{5}$ 之長度可以在數線上 0 到 5 的範圍內表示，如此，便能清楚地了解無理數的大小了。是不是覺得很容易？這正是數線厲害的地方！

數字的分類

實數

有理數

-7.5, $\frac{1}{3}$, $-\frac{2}{3}$, $2\frac{3}{7}$

整數

1, -100, 777, -7, 0

無理數

$\sqrt{2}$, $\sqrt{5}$, $\sqrt{3}$, π

在數線上可以一目了然的實數們

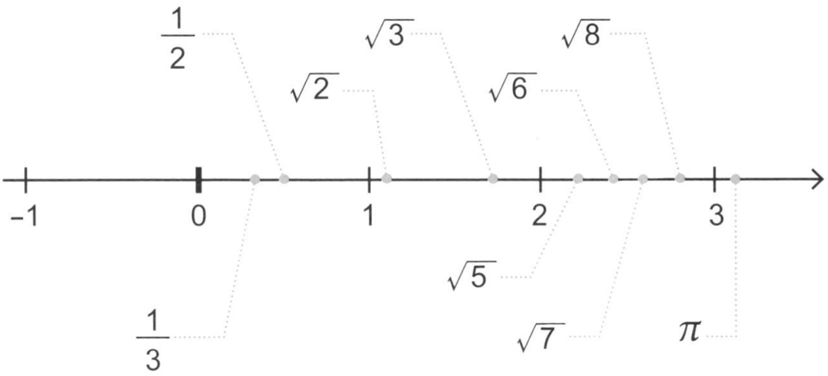

實數可以在數線上表示

2-3 數線上的直角坐標

表示變數之間關係的方法

以坐標表示兩個變數

想要表示**變數** x 和 y 的數值（位置）時，可以使用**直角坐標系**。也就是以兩條水平與垂直相互交叉的直線，分別表示 x 和 y 的位置。本章之後將直角坐標系以**坐標**統稱。

為了聽到「變數」、「x、y」等數學名詞就覺得頭痛的人們，我們先用一些具體例子說明。不過如果只是單純地將東京人口以 x 表示，紐約人口用 y 表示，會因為兩者間並無關係，而失去討論的意義。也就是兩者的關係為**決定了 x 就等於決定了 y，反之，如果決定了 y 也相當於決定了 x，兩變數在坐標上受限於彼此。**

例如，車子開了 x 時間後，就能得知行走的 y 距離；一旦知道東京都人口 x 後，就會得到人口密度 y。

坐標的寫法和象限

變數位置在坐標上的寫法如下，橫軸令為 x，縱軸令為 y，當 $x=2$，$y=4$ 時，寫成 $(x,y)=(2,4)$，如右上圖，將位置標在 x 軸方向上的第 2 個刻度，與 y 軸方向上的第 4 個刻度上。

同樣地，當 x 或 y 是負值時，如右圖，在兩軸呈十字形相交分出的四個區塊中，找到對應的位置標上。被分割出的四個區塊稱為**象限**，從右上角開始，逆時針旋轉分別為第一象限、第二象限、第三象限、第四象限，這不需要特別去背誦。

表示兩變數位置的坐標

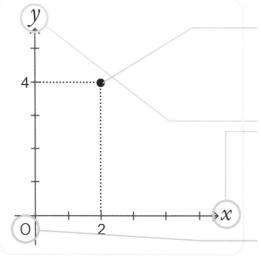

以（x,y）＝（2,4）表示

一般來說，橫軸為 x，縱軸為 y

兩軸交點稱為 0 或原點

坐標上有四個象限

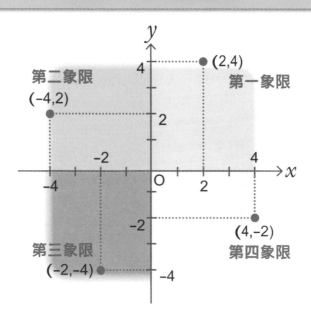

第二象限
(−4,2)

第一象限
(2,4)

第三象限
(−2,−4)

第四象限
(4,−2)

2-4 函數與代號

數學世界的便利工具們

函數可以用來表示變數間的關係

坐標上的兩變數，如前所述，若兩者彼此並無關聯則沒有討論的意義。其中的關聯就是，決定了 x 等於決定了 y，反之，決定了 y 相當於決定了 x。於是有了表達 x 和 y 之間關係的工具「函數」。

首先，看看這個日常生活中的例子吧。醫院裡面，有像是治療蛀牙之類的牙科、乾眼症之類的眼科、針對骨折的整形外科、對付肚子痛的內科，依據症狀找不同診療科目的醫生，函數就像服務窗口般地導引不同症狀至不同醫療科目。雖然這個例子，無法在數線上表示。

函數取英文單字 function 的第一個字母 f。對 y 來說，若想表達和 x 的關係，可以寫成 $y = f(x)$。服務窗口以函數 f 表示，則可以寫成〈醫療科目〉＝ f（〈症狀〉）對吧？！如同 $f(x)$ 一般，括弧中寫入 x 的話，就將這個用 x 表示的函數稱為「x 的函數」。

數學代號只是慣稱

數學世界中有許多 x、a、f 之類的代號，如果經過正確地說明與定義，任何情況下都可使用任何代號。只是為了更容易、快速地了解，習慣上常將變數以 x、y、z 表示，常數以 a、b、c 表示，函數則以 f、g、h 表示。但如果你只是這樣做思考的話，也就代表你沒有做深入的思考。

表示變數關係的函數

把 x 和 y 的關係以 f 表示。

$$y = f(x)$$

數學代號們

常使用的數學代號

- 變數：x、y、z
- 在不同場合下使用的變數：l、m、n
- 表示坐標位置：P、Q、R
- 常數：a、b、c、d……
- 函數：f、g、h
- 體積：V → Volume（體積）的第一個字母
- 半徑：r → Radius（半徑）的第一個字母

2章

熱身！ 在進入微分和積分之前

051

2-5 便利的函數

函數的使用方法和種類

把函數 $f(x)$ 中的式子省略

函數也就是變數間的關係，但要實際表示 $y = f(x)$ 的內容為何，就要用如下的方程式說明。

$$y = 2x \qquad \cdots\cdots ①$$

$$y = x^2 - 4x + 1 \qquad \cdots\cdots ②$$

像①一樣簡單的式子，不會有什麼大問題，但是當式子變得像②一樣長時，想要在坐標位置上一一寫上這個式子是很麻煩的，此時，用 $f(x)$ 的形式就會很方便的。例如，$x = 1$ 時，y 的值可以寫成 $f(1)$。以此類推，①就寫成 $y = f(1) = 2$，②則是 $y = f(1) = -2$。

像①一樣只有一項的方程式稱**單項式**，如同②出現多項的方程式稱**多項式**。

如何得知變數的次方（冪）

方程式中 x 項的連乘次數多寡，會大大改變函數的特性。方程式中，最大的連乘次數為該多項式的**次方（冪）**，像是最大次方為 n 的方程式稱為 n 次多項式，因此，①就稱為一次函數，②就稱為二次函數。本書主要使用至三次多項式。

函數的使用方法

①、②分別如下

$$f(x) = 2x$$
$$g(x) = x^2 - 4x + 1$$

如此一來，$x = 1$ 時

$$f(1) \cdot g(1)$$

可以表示成這樣

$$f(1) = 2 \times 1 = 2$$
$$g(1) = 1^2 - 4 \times 1 + 1 = -2$$

函數的稱呼

項：用 + 和 − 分開方程式中的各項

依項的多寡稱為

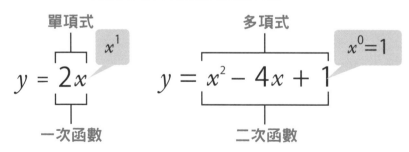

依次方的多寡稱為

次方（冪）：變數中連乘最多次的數目

2-6 一次函數

以直線表示的一次函數

一次函數的圖形是直線

x 的次方是 1 的一次函數中，如果將 a 和 b 視為常數，

$$y = ax + b \quad (a \neq 0)$$

結果就可以如上表示（若 $a=0$，就不是一次函數了），用一次函數來表達 x 和 y 的關係非常容易理解。

舉例來說，有一對相差兩歲的兄弟，用 y 代表哥哥的年紀，x 代表弟弟的年紀，彼此年齡的關係就可以用 $y=x+2$ 表示，例如，$f(1)=3$，$f(10)=12$，只要 x 增加，y 值也會增加。如果用坐標表示的話，就會如右圖。

然而，若是 $y=-2x-2$，因係數 a 是負值，就會如右圖，每當 x 增加，y 就會減少。像這樣，一次函數的圖形，均可用直線表示。

一次函數處理的是連續的變數

上述的例子中其實有些問題存在。因為我們通常用正整數表示年齡，不會出現像是 17.5 的小數，但坐標上的直線，是連續不斷的，所以會有用 $f(17.5)=19.5$ 表示年齡的情況出現。另外，較常用變數處理的是身高或體重等，因為經過測量，不論多細微的數值都可以得到。順道一提，年齡也不可能是負值，因此可以再加上 $x \geq 0$。

畫出一次函數

一次函數的表達方法

$$y = ax + b \qquad (a, b：常數、 a \neq 0)$$

※ 如果 $a = 0$ 的話，就不是一次函數

兄弟的年紀 $\quad f(x) = x + 2 \qquad (x \geqq 0)$

$$g(x) = -2x - 2$$

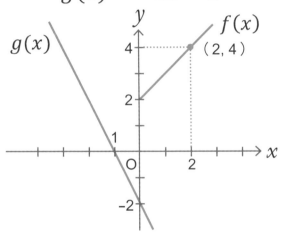

畫成直線的一次函數

一次函數上的變數，是連續的值
（畫在坐標上的圖形也是連續的）

注意

較適當的例子：身高、體重等

較不適當的例子：年齡，人數等

※ 就像取平均數一樣，只要數值用小數表示是
有意義的就可行。

2-7 二次函數①

畫出如同拋物線一般的數學曲線

二次函數的特徵

x 的次方是 2 的二次函數，如果將 a、b、c 視為常數，

$$y = ax^2 + bx + c \quad (a \neq 0)$$

就可以如上表示。先只單純地考慮 $y = x^2$（假設 $a = 1$、$b = 0$、$c = 0$），二次函數會如下 $f(1) = 1$、$f(2) = 4$、$f(3) = 9$，y 的增加幅度因平方而快速地上升。畫成如右圖一般的凹形（也可稱做「**開口向上**」）曲線。另外，$y = -x^2$，當 x 為負值，其圖形則以 x 軸做為邊界反轉即可，形成**開口向下**的曲線。

如果 $y = x^2$ 存在，則 $y = 4$ 時，$x = \pm 2$，此時假想有一通過頂點的直線，圖形則有左右對稱的特性。也就是**二次函數中，如右圖通過頂點的這條直線稱為對稱軸**。

面積就像是二次函數

來看看實際的例子吧。如果 x 為邊長，y 為正方形面積，x 和 y 的關係則可以表示成 $y = x^2$。還有，如果 x 為圓的半徑，則圓面積可以表示成 $y = \pi x^2$。構成面積的基本組合是＜長＞×＜寬＞，**如果面積的長與寬成比例的話，就能用二次函數表示**。其實停下想想，你也覺得滿有趣的吧。

而且，二次函數的圖形，彷彿就是丟擲東西的拋物線。其實，物理課本上所說的拋物線，其所描繪的曲線真的可以寫成二次函數。

畫出二次函數

二次函數的式子①

$$y = ax^2 + bx + c \quad (a, b, c：常數、a \neq 0)$$

※ 如果 $a = 0$ 的話，就不是二次函數

二次函數的特徵

- 如拋物線
- 有通過頂點讓曲線左右對稱的對稱軸

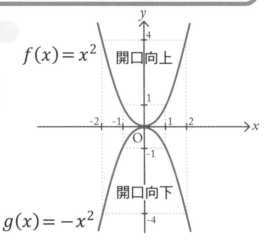

$f(x) = x^2$ 開口向上

開口向下

$g(x) = -x^2$

二次函數的實際例子

正方形面積	圓面積	正三角形面積

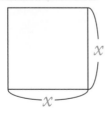 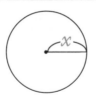 

$$y = x^2 \qquad y = \pi x^2 \qquad y = \frac{\sqrt{3}}{4}x^2$$

二次函數②

如果你知道什麼是頂點，那你就了解什麼是二次函數

求二次函數的頂點坐標

所謂二次函數就是夾著頂點而左右對稱的圖形。當 $y = a$，$x = \pm b$，對 y 來說，通常會對應到二個 x 值，只有當 y 剛好在圖形的頂點，才只有一個 x 值出現。求得頂點位置的方法，只能將方程式強迫湊成完全平方，也就是所謂的 **配方法**。當配方法完成後，會如下式：

$$y - q = a(x - p)^2$$

（p,q）便是此圖形頂點坐標。

右上頁為配方法的計算過程，只是計算起來相當麻煩，選擇背公式的話也有點辛苦。其實，即使不用配方法，也可以用微分輕易地求出二次函數的頂點，我們會在下一個章節說明，所以也能不用這麼辛苦地記住這個公式。

如果用這個公式，計算下面函數①、②的頂點，會分別得到（-1,-2）、（1,3），如右下圖。

$$f(x) = 2x^2 + 4x \cdots ① \qquad g(x) = -\frac{x^2}{2} + x + \frac{5}{2} \cdots ②$$

二次函數中有最大值或最小值

在二次函數的頂點上，y 有最大值或最小值。函數中的最大值，稱為 **極大值**，最小值稱為 **極小值**。若是開口向上的二次函數（$a > 0$）會有極小值，但若是開口向下的二次函數（$a < 0$）則會有極大值。

二次函數頂點的求法

2章

熱身！ 在進入微分和積分之前

二次函數的式子②

設 (p, q) 為頂點坐標

$$y - q = a(x - p)^2 \quad （a \neq 0）$$

$y = ax^2 + bx + c$ 將右式強迫變成 完全平方

$$y = a\left(x^2 + \frac{b}{a}x\right) + c = a\left\{\left(x^2 + \frac{b}{a}x + \frac{b^2}{4a^2}\right) - \frac{b^2}{4a^2}\right\} + c$$

$$= a\left(x + \frac{b}{2a}\right)^2 - \frac{b^2}{4a} + c = a\left(x + \frac{b}{2a}\right)^2 - \frac{b^2 - 4ac}{4a}$$

因此  頂點 $(p, q) = \left(-\dfrac{b}{2a}, \ -\dfrac{b^2 - 4ac}{4a}\right)$

各式各樣的二次函數

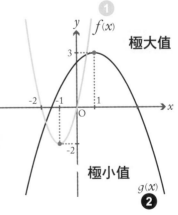

1 $f(x) = 2x^2 + 4x$ 配方法

$\qquad = 2(x + 1)^2 - 2$

➡ $\underline{(-1, -2)}$ 有 y 的 極小值

2 $g(x) = -\dfrac{x^2}{2} + x + \dfrac{5}{2}$ 配方法

$\qquad = -\dfrac{1}{2}(x - 1)^2 + 3$

➡ $\underline{(1, 3)}$ 有 y 的 極大值

極大值

極小值

2-9 一次函數與二次函數的交點

從方程式看出函數的圖形

求兩個方程式的交點

讓我們先來回顧一下二次方程式的解法吧

$$ax^2 + bx + c = 0 \quad (a \neq 0)$$

想要求出上式，如右頁一般嘩啦嘩啦地計算出來後，x 就會變成下式：

$$x = \frac{-b \pm \sqrt{b^2 - 4ac}}{2a}$$

雖然計算過程很麻煩，但如果有時間的話，可以動手做過一次，如果願意的話，也順便把這個公式記下來吧。我們把求方程式的動作，用「求二次方程式解」或「求解」來稱呼。

那麼，求求看下方一次函數與二次函數的交點吧。

$$y = x + 1 \cdots ① \qquad y = x^2 - 2x + 1 \cdots ②$$

到現在為止，我們只看了方程式與圖形的關係，現在換個思考方式吧。我們看到的所有圖形都是，將滿足方程式的所有坐標（x, y）聚集起來形成的一條線。因此，**兩圖形的交點，應該同時滿足各函數的條件。**

在這樣的前提之下，若要求兩圖形的交點，則可將 y 所等於的式子相互代入，再求這個只有 x 的二次方程式解，便可得到交點坐標的 x 值。接著再把 x 值代入其中一個方程式，就可算出交點坐標的 y 值。過程如右圖，最後可得交點為（0,1）、（3,4）。

1 $y = x + 1$ 和 **2** $y = x^2 - 2x + 1$ 的交點

把①代入②

$$x + 1 = x^2 - 2x + 1$$

$$x^2 - 3x = 0$$

$$x = \frac{-b \pm \sqrt{b^2 - 4ac}}{2a} \quad 根據公式$$

$$x = 0、3 \cdots ③$$

接著，把③代入①

求得交點坐標 （0, 1）、（3, 4）

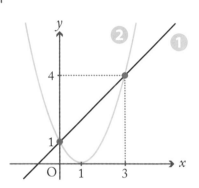

二次方程式的解法

$ax^2 + bx + c = 0 \quad (a \neq 0)$ 求此二次方程式的解

$$a\left(x^2 + \frac{b}{a}x\right) + c = 0 \qquad \textbf{配方法}$$

$$a\left(x + \frac{b}{2a}\right)^2 - \frac{b^2}{4a} + c = 0$$

$$\left(x + \frac{b}{2a}\right)^2 = \frac{b^2 - 4ac}{4a^2} \qquad \textbf{得到平方根}$$

$$x + \frac{b}{2a} = \pm \frac{\sqrt{b^2 - 4ac}}{2a} \qquad (b^2 - 4ac \geqq 0)$$

$$x = \frac{-b \pm \sqrt{b^2 - 4ac}}{2a}$$

2-10 三次函數的特徵

用點對稱的曲線畫出三次函數

把反曲點當成點對稱中心的三次函數

有一次函數、二次函數也就會有三次函數。三次函數和前面所學到的相差不多。

$$y = ax^3 + bx^2 + cx + d \quad (a \neq 0)$$

可以用上式表示。首先一樣只單純考慮 $y = x^3$，$x > 0$ 時，$f(1) = 1$、$f(2) = 8$，因為次方比二次函數大，增加的幅度也會更大。反之，當 $x < 0$，$f(-1) = -1$、$f(-2) = -8$，連乘三次的關係，使得負值依舊是負值，而 y 的減少幅度同樣地很大。**以原點為中心，將圖形 180 度旋轉後畫上相同的曲線，這個點對稱的圖形就是三次方程式的樣子。** 而曲線的彎曲方向開始改變的點稱為**反曲點**，就像 $y = x^3$ 於原點上的那個一點。因為函數次方的增加，反曲點的數目也會因此跟著增加。

接著，來看稍稍複雜一點的方程式，$y = x^3 - 3x$，如右圖，各有一個波峰（凸起）與一個波谷（凹下）。不過，想要理解這個圖形的特性，需要借助微積分，所以待我們到第五章時再一起來討論吧。

體積就像是三次函數

舉一個三次函數的例子，以 x 為邊長的立方體體積 y，可以寫成 $y = x^3$；球體的體積，則可以 x 為半徑，y 為體積，體積 y 可以寫成 $y = \frac{4}{3} \pi x^3$。如果將立方體的邊長或是球體的半徑增加 2 倍，體積會變成 8 倍，如果半徑增加成 10 倍，體積則會增加 1000 倍，其膨脹的速度非常劇烈。球的體積會在第五章（P.194），以積分證明。

三次函數的圖形

把反曲點當成點對稱
中心的三次函數

※ 點對稱：以一點為中心，
　旋轉 180 度後圖形一致

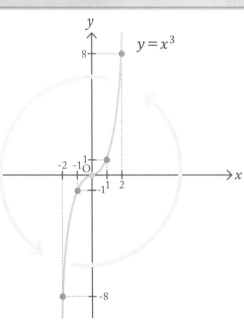

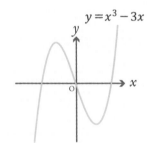

想要解說 $y = x^3 - 3x$ 的圖形，必須用到微分的概念！

三次函數的實際例子

立方體體積

$$y = x^3$$

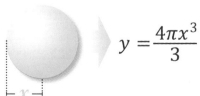

球體體積

$$y = \frac{4\pi x^3}{3}$$

常數函數和其他的函數

各式各樣的函數們

常數函數是平行於 x 或 y 軸的直線

　　除了一次函數，還有其他可以呈現直線的函數嗎？有，就像 $y=2$ 的**常數函數**。因為 x 與 y 之值彼此沒有關係，所以當 $y=2$ 時，不論 x 是多少 y 都會是 2，這個函數的圖形就是一條平行 x 軸的直線。

　　另一方面，像是 $x=1$ 的常數函數，因為和 y 沒有相關，x 始終都是 1，所以是一條和 y 平行的直線。

各式各樣的函數

　　本書主要針對一次函數、二次函數、三次函數與常數函數的微積分應用。

　　除了我們提過的函數之外，x 和 y 之間還有些比較特殊的函數。

分數函數：$y = \dfrac{1}{x}$

圓：$x^2 + y^2 = 1$

三角函數：$y = \sin x, y = \cos x$

指數函數：$y = a^x$　　　　對數函數：$y = \log_a x$

　　如右圖，每一條曲線都有它獨特的性格。雖然伴隨而來的常常是複雜的計算，但能從觀察它們的行為，來窺見數學世界的深奧是很有趣的！

常數函數

常數函數的式子

$$y = a$$
$$x = b$$

（a, b：常數）

即是與 x 軸或 y 軸
平行的直線

$y = 2$

$x = 1$

各式各樣的函數及圖形

分數函數

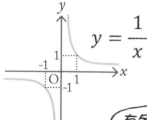

$$y = \frac{1}{x}$$

圓

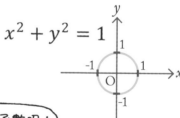

$$x^2 + y^2 = 1$$

有各式各樣的函數呢！

三角函數

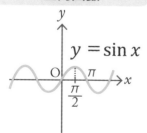

$$y = \sin x$$

指數函數／對數函數

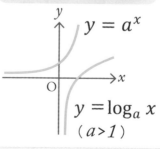

$$y = a^x$$

$$y = \log_a x$$

（$a > 1$）

2-12 定義域和值域

想想看函數的可取得範圍

x 的範圍是定義域，y 的範圍是值域

當碰到函數 $y = f(x)$ 附加了範圍的限制，這樣的限制自然會讓此函數產生不同的答案。

因此，我們設 x 範圍為**定義域**，y 範圍為**值域**。因為函數 $y = f(x)$ 是以 x 來表達 x 與 y 的關係，因此便必須先定義 x，再考慮所對應的 y 值，定義域與值域的名稱就是這樣來的。

如一次函數 $y = ax + b$，因為沒有限制 x 和 y 的範圍，所以定義域與值域的範圍就是實數。

二次函數的定義域和值域

正方形的邊長是 x 時，面積 y 可用 $y = x^2$ 表示。因為 $y = x^2$，如右圖②所示，是以（0,0）為頂點而開口向上的曲線，因此 y 不可能為負值，而此函數的值域便落在 $y \geqq 0$，再加上，因為正方形的邊長不可能是 0 或 -1，因此定義域就是 $x > 0$。由於值域 y 對應於定義域 $x > 0$，所以值域並非 $y \geqq 0$，而是 $y > 0$。

如果我們限制正方形邊長的長度，將定義域落在 $2 \leqq x \leqq 4$。如此一來，$f(2) = 4$、$f(4) = 16$，如右圖③，當 x 落在 $2 \leqq x \leqq 4$ 時，y 值是單純地增加，因此值域就落在 $4 \leqq y \leqq 16$。

了解函數範圍

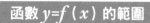

函數 $y=f(x)$ 的範圍

定義域：x 存在的範圍

值 域：y 存在的範圍

①一次函數的範圍

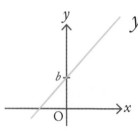

$y=ax+b$

$-\infty$到$+\infty$

● 定義域：實數

● 值 域：實數

$-\infty$到$+\infty$

②二次函數的範圍

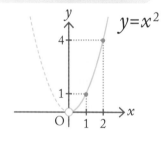

$y=x^2$

正方形面積

● 定義域：$x>0$

● 值 域：$y>0$

③二次函數的範圍

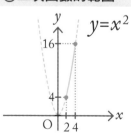

$y=x^2$

定義域：$2 \leqq x \leqq 4$

● 值 域：$4 \leqq y \leqq 16$

2-13 極限是什麼

所謂極限就是靠近無窮時的模樣

趨近無窮時

有一罐酒精濃度 5% 的啤酒，倒出半罐啤酒後加入半罐水，把它的酒精濃度稀釋成 2.5%。將同樣的步驟重覆一次之後，酒精濃度就變成 1.25%。反覆此步驟，罐中的酒精濃度就會開始越來越低。

酒精濃度為 y%，調淡次數為 x 次，可以用 $y = 5 \times \left(\dfrac{1}{2}\right)^x$ 表達。若以圖形表示，隨著 x 的增加，$y = 0.00...$ 會越來越靠近 0。想要表達這個非常靠近 0 的現象，以下方式子表示：

$$\lim_{x \to \infty} 5\left(\dfrac{1}{2}\right)^x = 0$$

∞（無窮大）是用來表達無限大的符號，$\lim\limits_{x \to \infty}$ 是指求 x 到 ∞ 的**極限**。也就是在 x 到達 ∞ 之前，十分靠近 y 值的**極值**是 0。特別需要注意，所謂的 $\lim\limits_{x \to \infty}$ 和將 x 直接換成 ∞ 不太一樣，雖然 ∞ 可以視為一般數字運算，但此時指的並非一個固定常數，它是一個非常大的數，而 x 非常靠近 ∞ 無窮大。

極限的概念中，重點是「無限延伸」。不論酒精再怎麼稀釋，都會有微量的酒精存在，「持續不斷」地重覆此步驟，酒精濃度就可以視為理想的 0%。

極限是什麼

持續用水稀釋啤酒

一次　　　　　兩次　　　　　三次

5%

2.5%　　　　　1.25%　　　　0.625%

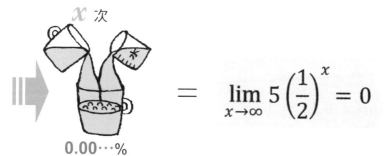

x 次

$$= \quad \lim_{x \to \infty} 5\left(\frac{1}{2}\right)^x = 0$$

0.00…%

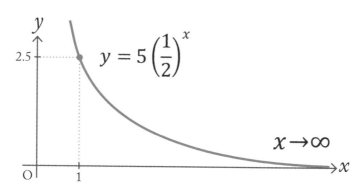

$$y = 5\left(\frac{1}{2}\right)^x$$

2.5

$x \to \infty$

O　1

lim（極限），就是求不斷靠近
某一值的結果（極值）

收斂和發散

函數會在取極限後變成什麼

當極限靠近固定值稱為收斂

函數取極限後會有兩種表現。其一,當極限靠近固定值時稱為**收斂**。

試想 $y = \frac{1}{x}$ 的圖形,每當 x 增加一點,y 就會越靠近 0 一點。

$$\lim_{x \to \infty} \frac{1}{x} = 0$$

這表示極限為 0。當然我們也可以試試其他式子,如 $y = x+1$ 取 $x = 0$ 的極限:

$$\lim_{x \to 0} (x + 1) = 1$$

可是,這不就直接將 $x = 0$ 代入 $y = x+1$ 即可,因為可以計算出準確值,便不具有求極限的意義。

當極限無法靠近一固定值稱為發散

另外,當極限無法靠近一固定值,而只能變得更大的情況也存在。例如 $y = \frac{1}{x}$,若取 x 由正值向 0 靠近的極限,極限 y 值會逐漸變大:

$$\lim_{x \to 0^+} \frac{1}{x} = \infty$$

我們將這樣的情形寫成**發散**至 ∞,「$x \to 0^+$(從數線右方向左方的 0 靠近,稱為右極限)」,同樣地由負值向 0 靠近的極限,會發散至 −∞。如右圖,能清楚地理解。

極限的收斂和發散

往 +0 方向逼近（取極限）

$$\lim_{x \to 0^+} \frac{1}{x} = \infty$$

往 + ∞ 方向發散

$$y = \frac{1}{x}$$

0^+

$\to +\infty$

往∞方向逼近（取極限）

$$\lim_{x \to \infty} \frac{1}{x} = 0$$

往 0 方向收斂

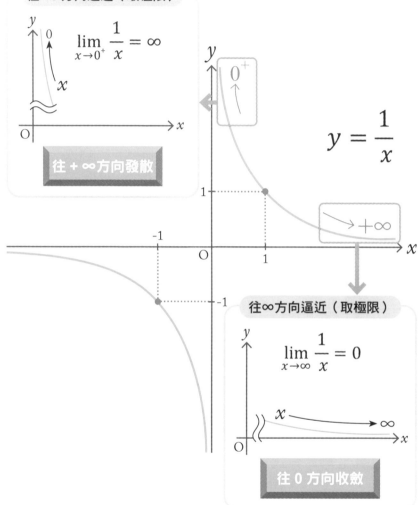

取函數的**極限**時，此極限一定會**收斂**於某值
或向無窮的方向**發散**

2-15 阿基里斯和烏龜

無限的不可思議的故事

為什麼阿基里斯會有追不上烏龜的窘境

談到極限和收斂時，常常會聽到這樣的故事。

阿基里斯是個腳程很快的年輕人，在後方追趕著腳步很遲鈍的烏龜。若將烏龜的位置以 d_1、d_2、d_3 標示，因為是在追逐著烏龜，所以烏龜已經領先地在 d_1。當阿基里斯到達 d_1 時，烏龜也已經走到了 d_2，所以阿基里斯再往 d_2 出發，但當阿基里斯到達 d_2，烏龜又已經到了 d_3。不論阿基里斯走到哪個位置，烏龜又往下一個 d_4、d_5 前進了，距離 d_x 總是存在，彷彿不論阿基里斯何時站在哪裡，都永遠追不上烏龜。

不斷地在後方追著追不上的烏龜。這是多麼不可思議的故事呀（當然是如下面所呈現的追逐方法）！

阿基里斯的行走速度是每秒 100 公分，烏龜則是每秒 10 公分，設 10 公尺是彼此追逐前的距離吧，將阿基里斯從 d_1 到達追到烏龜的 d_n 所需花費的時間設成 T_n，寫成極限便如下：

$$\lim_{n \to \infty} T_n = \lim_{n \to \infty} \left\{ \frac{1000}{100} + \frac{1000}{100} \times \frac{10}{100} + \frac{1000}{100} \times \left(\frac{10}{100}\right)^2 + \cdots + \frac{1000}{100} \times \left(\frac{10}{100}\right)^{n-1} \right\}$$

這就是**無窮等比級數**，經過右頁的計算可以求得 $\lim_{n \to \infty} T_n = \frac{100}{9}$。也就是說，即使**數字不斷地加總**，總和也會**有限地收斂**。如此一來，「無限」的深奧概念就清楚了吧。

為什麼阿基里斯會追不到前方的烏龜

用極限表現

T_n：t_1 到 t_n 間所有時間的總和

$$\lim_{n \to \infty} T_n = \lim_{n \to \infty} \left\{ \frac{1000}{100} + \frac{1000}{100} \times \frac{10}{100} + \frac{1000}{100} \times \left(\frac{10}{100}\right)^2 + \cdots + \frac{1000}{100} \times \left(\frac{10}{100}\right)^{n-1} \right\}$$

$$= \lim_{n \to \infty} \left\{ 10 + 10 \times \frac{1}{10} + 10 \times \left(\frac{1}{10}\right)^2 + \cdots + 10 \times \left(\frac{1}{10}\right)^{n-1} \right\}$$

d_n：烏龜的位置
t_n：阿基里斯到達 d_n 需花費的時間

每秒 100 公分

每秒 10 公分

阿基里斯　　　　　　　　　　　　烏龜

t_1　　t_2　　t_3　t_4

10m（1000cm）　　　d_1　　d_2　　d_3　d_4

阿基里斯走到 d_1 的時間
t_1 中烏龜也正往 d_2 移動

阿基里斯走到 d_2 的時間
t_2 中烏龜也正往 d_3 移動

永遠持續追逐！-?
但

阿基里斯走到 d_3 的時間
t_3 中烏龜也正往 d_4 移動
...

● 無窮等比級數的計算

$$T_n = 10 + 10 \times \frac{1}{10} + 10 \times \left(\frac{1}{10}\right)^2 + \cdots + 10 \times \left(\frac{1}{10}\right)^{n-1}$$

$$-)\ \frac{1}{10} \times T_n = \qquad 10 \times \frac{1}{10} + 10 \times \left(\frac{1}{10}\right)^2 + \cdots + 10 \times \left(\frac{1}{10}\right)^{n-1} + 10 \times \left(\frac{1}{10}\right)^n$$

$$\frac{9}{10} \times T_n = 10 \qquad\qquad\qquad\qquad\qquad\qquad\qquad\qquad -10 \times \left(\frac{1}{10}\right)^n$$

$$\lim_{n \to \infty} T_n = \lim_{n \to \infty} \left(10 - 10 \times \left(\frac{1}{10}\right)^n \right) \times \frac{10}{9} = \frac{100}{9}$$

收斂到固定值

0

題目

求下列函數的極值吧

❶ $\displaystyle\lim_{n\to\infty}\frac{n^2+n+9}{4n^2-4n-1}$

❷ $\displaystyle\lim_{n\to\infty}(n^3-10n^2-100n)$

❸ $\displaystyle\lim_{n\to\infty}\frac{3^n+7^n}{5^n}$

❹ $\displaystyle\lim_{n\to\infty}\frac{9^n-3^n+1}{9^n+1}$

解答①

$$\lim_{n\to\infty}\frac{\boxed{n^2}+\boxed{n}+9}{\boxed{4n^2}-\boxed{4n}-1}$$

$\underset{\infty}{\infty}\quad\underset{\infty}{\infty}$

$\underset{\infty}{\infty}\quad\underset{\infty}{\infty}$

$\dfrac{\infty+\infty}{\infty-\infty}$ 雖然會變成這個樣子⋯⋯ 但是

除以最高次方項 n^2

$$=\lim_{n\to\infty}\frac{1+\dfrac{1}{n}+\dfrac{9}{n^2}}{4-\dfrac{4}{n}-\dfrac{1}{n^2}}=\frac{1}{4}$$

$$\lim_{n \to \infty} (\underbrace{n^3}_{\infty} - \underbrace{10n^2}_{\infty} - \underbrace{100n}_{\infty})$$

$\infty - \infty - \infty$ 雖然會變成這個樣子……但是

提出最高次方項 n^3

$$= \lim_{n \to \infty} \underbrace{n^3}_{\infty} \left(1 - \underbrace{\frac{10}{n}}_{0} - \underbrace{\frac{100}{n^2}}_{0} \right) = \infty \times 1 = \underline{\underline{\infty}}$$

$$\lim_{n \to \infty} \frac{\overbrace{3^n}^{\infty} + \overbrace{7^n}^{\infty}}{\underbrace{5^n}_{\infty}}$$

$\dfrac{\infty + \infty}{\infty}$ 雖然會變成這個樣子……但是

分成兩項

$$= \lim_{n \to \infty} \left(\frac{3^n}{5^n} + \frac{7^n}{5^n} \right) = \lim_{n \to \infty} \left\{ \underbrace{\left(\frac{3}{5}\right)^n}_{0} + \underbrace{\left(\frac{7}{5}\right)^n}_{\infty} \right\} = 0 + \infty = \underline{\underline{\infty}}$$

$$\lim_{n \to \infty} \frac{\overbrace{9^n}^{\infty} - \overbrace{3^n}^{\infty} + 1}{\underbrace{9^n + 1}_{\infty}}$$

$\dfrac{\infty - \infty}{\infty}$ 雖然會變成這個樣子……但是

除以 9^n

$$= \lim_{n \to \infty} \frac{1 - \overbrace{\left(\frac{1}{3}\right)^n}^{0} + \overbrace{\left(\frac{1}{9}\right)^n}^{0}}{1 + \underbrace{\left(\frac{1}{9}\right)^n}_{\to 0}} = \underline{\underline{1}}$$

飛矢不動？

　　阿基里斯和烏龜的故事（p.72），是希臘哲學家芝諾（Zeno of Elea）提出的眾多矛盾例子（芝諾弔詭）之一。另一個是名為「飛矢不動」的故事。

　　箭在空中飛行時，在某瞬間，箭存在於空間中的一處，若將時間無限地向更細微切割，最後時間間隔會是 0，而箭的速度也會因此變成 0，既然速度是 0，那麼這個靜止的箭如何飛在空中？

　　這問題就在於箭的位置變化與瞬間速度，把時間無限地向更細微切割，是不是和什麼很像？沒錯，這就是微分！微分時，瞬間並不代表 0，而是非常靠近 0 的極限，這就是瞬間的意義。如此一來，前一刻的箭和下一刻的箭之變化即瞬間的變化量，也就是瞬時速度。透過微分，就可以說明即使在這樣的瞬間，箭還是有速度的。這個矛盾的例子在西元前 5 世紀左右提出，直到微積分出現在 17 世紀，爭論持續不斷進行了幾乎二千年的時間。在微積分中導入「無限」的概念，不論這個例子是多麼地難解，我們都能實際體會了。

某一瞬間的箭是
靜止（速度 0）的嗎？

意外地簡單！
輕鬆理解微分

微分的計算

如果只是計算的話小學生也會！

微分計算一點也不可怕

現在，從本章開始終於進入微分的主題。不多說，立刻以 x 微分下列的函數吧。

$$y = x^5 + 2x^4 + 3x^3 + 4x^2 + 5x + 6$$

忘記怎麼解了嗎？是嗎？竟然還沒講解就出題目嗎？是真的嗎？真的很抱歉，是真的！但是，即使沒有講解，當你讀完本頁時，你就知道如何對上式做微分了。**微分計算方法是非常簡單的喔**。

首先我們為你介紹一個基本公式：

$$(x^n)' = nx^{n-1} \qquad (a)' = 0 \qquad (a: 常數)$$

（）外加上標「'」是對（）內做微分的意思。規則如下：第一，對次方數為 n 的變數 x 微分後，x 次方會由 n 變成 $n-1$，非常簡單吧。第二，對常數微分所得的結果一定會是 0。另外，**以加法或減法連結組成的多項式，我們都可以分別對各項進行微分**。

如此一來，（常數）$' = 0$、（x）$' = 1$、（x^2）$' = 2x$、（x^3）$' = 3x^2$……。那麼我們一開頭的題目，依照公式微分之後，就會變成這樣：

$$y' = 5x^4 + 8x^3 + 9x^2 + 8x + 5$$

我們這麼快就講解完微分了呀！這是因為微分本身的規則相當簡單。

簡單的微分計算

微分的基本規則

$(x^n)' = nx^{n-1}$ (n: 整數)

$(a)' = 0$ (a: 常數)

$(\ )'$: 微分 $(\ )$ 裡的函數

$(x^n)'$

$$x^4 \Rightarrow 4 \times x^{④-1} \Rightarrow 4x^3$$

$$x^3 \Rightarrow 3 \times x^{③-1} \Rightarrow 3x^2$$

$$x^2 \Rightarrow 2 \times x^{②-1} \Rightarrow 2x$$

$$x \Rightarrow 1 \times x^{①-1} \Rightarrow 1$$

nx^{n-1}

$(a)'$

$$1 \Rightarrow 因為是常數 \Rightarrow 0$$

常數微分後均為 0

例 題

$$y = x^5 + 2x^4 + 3x^3 + 4x^2 + 5x + 6$$

微分

$$y' = 5x^4 + 8x^3 + 9x^2 + 8x + 5 + 0$$

※ 以加法或減法連結的多項式,分別對各項做微分

微分的計算非常單純!

3章

意外地簡單! 輕鬆理解微分

斜率是什麼

如何表現函數圖形的斜率？

圖形的斜率用（縱 ÷ 橫）表示

談到微分，你就不得不了解什麼是**斜率**。斜率，就只是函數圖形在坐標上的傾斜程度。如果是斜坡或屋頂，從水平面測量，我們可以用傾斜角度 30 度表示。而**坐標上的圖形傾斜則是＜縱軸 y＞ ÷ ＜橫軸 x＞，也就是「x 與 y 比值」**。簡單地說，就是 x 向右一單位時，y 方向移動多少單位？舉例來說，通過 A（1,1）和 B（7,5）兩點的直線斜率，如右圖，A 和 B 兩點在 x 方向的差距是 7-1=6，而 y 方向的差距是 5-1=4。如此一來，便得到斜率＜縱向差＞ 4÷ ＜橫向差＞ 6= $\frac{2}{3}$。如果有兩點坐標為 A（x_a, y_a）、B（x_b, y_b），斜率公式就如右頁所示。

常數函數的斜率是 0 還是∞

與 x 軸或 y 軸平行的常數函數，它們的斜率要怎麼算呢？

像 x=2 是個平行 x 軸的常數函數，y 方向的數值沒有變化，於是縱軸差就是 0，不論 0 除以什麼數都還是 0，所以斜率就是 0。

像 x=2 是個平行 y 軸的常數函數，因為傾斜角度是 90 度，x 方向上的變化便為 0。雖然無法用任何數除以 0，但愈接近垂直，斜率就會增加得愈急遽，而斜率也就會越靠近∞。

為什麼斜率的概念對微分來說是很重要的？**因為用微分求得的「瞬間變化量」能用「斜率」表示**。圖形的斜率，只是簡短地表達 x 和 y 的關係。之後我們也會再深入說明。

圖形的斜率

$$斜率 = \frac{y \text{ 方向的差值}}{x \text{ 方向的差值}}$$

計算兩點之間的斜率

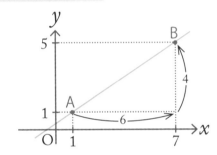

$$A \text{ 與 } B \text{ 的斜率} = \frac{5-1}{7-1} = \frac{4}{6} = \frac{2}{3}$$

—— ● **兩點之間斜率的求法** ● ——

$$A(x_a, y_a), B(x_b, y_b)$$

$$斜率 = \frac{y_b - y_a}{x_b - x_a}$$

※ 即使將 A 和 B 相減的順序對調，因為分子和分母的正負符號也會跟著相反而抵消，所以斜率不會改變。

常數函數的斜率

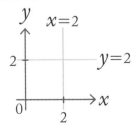

● $x = 2$　▶ 斜率 $= \infty$

● $y = 2$　▶ 斜率 $= 0$

所謂的斜率

如何表現函數圖形的斜率？

試求一次函數的斜率

想想看身為直線的一次函數之斜率。將 a 和 b 視為常數，可以表示成：

$$y = ax + b \qquad (a \neq 0)$$

假設以 x_a 和 x_b 分別表示 A、B 兩點的 x 坐標，並代入式子，就會得到坐標 A（$x_a, ax_a + b$）與坐標 B（$x_b, ax_b + b$）。兩點的斜率就會變成這樣：

$$\frac{(ax_a + b) - (ax_b + b)}{x_a - x_b} = \frac{a(x_a - x_b)}{x_a - x_b} = a$$

用 $y = ax + b$ 表示時，常數 a 其實就是一次函數的斜率。當然，這是**因為一次函數為直線，不論那個點的斜率都會是一樣的**。

圖形的斜率有什麼意義呢

我們知道 a 是用來表達一次函數的斜率。接著，先跳脫出坐標和圖形的世界，想一想斜率到底是什麼意思？

例如，以 y 表示車子移動 x 小時後的距離，移動中車子的平均時速以 a 表示。x 和 y 關係，可以表示成 $y = ax$。

因為 a 是平均速率，所以單位是 km/h。也就是所謂的平均速率是時間 x 和移動距離 y 的比值。雖然在圖形上都是斜率，但會因為函數代表的對象不同，y 和 x 的比值，也會代表各式各樣的意思。

求一次函數的斜率

● 求一次函數 $y = ax + b$ 的斜率

若將一次函數上的兩點 $A(x_a, y_a)$ 和 $B(x_b, y_b)$ 變成

$A(x_a, ax_a + b)$ 和 $B(x_b, ax_b + b)$。

斜率則是：

$$\frac{(ax_a + b) - (ax_b + b)}{x_a - x_b}$$

$$= \frac{a(x_a - x_b)}{x_a - x_b} = \underline{a}$$

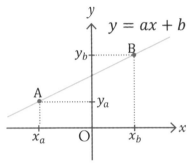

斜率帶有的各式各樣的意涵

車的移動

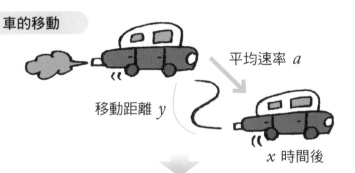

平均速率 a

移動距離 y

x 時間後

（移動距離）＝（平均速度）×（所需時間）

也就是 $y = \underline{a} \times x$

└─ 斜率

| 斜率 | = | y 對 x 的比值 | = | 速率 |

曲線的斜率

依位置變化的斜率

曲線的斜率無法只以線上兩點表示

直線的斜率是固定的，而且可以簡單地求取，但曲線是不是也有斜率呢？

如右圖，**曲線的斜率會因為位置不同有所變化**。首先，試試這個函數吧，$y = x^2$。欲求兩點 A（$x_a, x_a{}^2$）和 B（$x_b, x_b{}^2$）的斜率，計算過程如右圖，所得結果就會變成：

AB 的斜率 $= x_a + x_b$

斜率由 A 和 B 兩點的 x 坐標，x_a 和 x_b 表達，所以斜率真的會因為兩點位置的不同而改變。

例如，設 A 為（1,1），B 為（3,9）。斜率就會是 $x_a + x_b = 1 + 3 = 4$。但是如果將 B 移到更靠近 A 的位置，變成（2,4）的話，斜率就會變成 $x_a + x_b = 1 + 2 = 3$。雖然說斜率是「x 和 y 的比值」，那麼只要讓兩點的 x 差距一直保持為 1 就好了嗎？但是，如果出現右頁正中間般的極端曲線，這就不是斜率吧！我們只能說這是一條通過 A 與 B 兩點的直線，很難將它稱為這條曲線的斜率。如果不將 A 和 B 的距離縮得更短，這個直線，就沒有資格稱做「x 與 y 的比值」。

若 A 和 B 的距離愈來愈近，如右下圖，會變成像是 B 點碰到了 A 點的斜率，此稱為 A 點的**切線**，我們會在下一章節說明。

計算曲線斜率的方法

曲線的斜率

→ 會因為在曲線上的位置不同而有變化

$$y = x^2$$

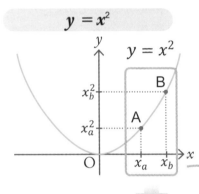

A、B 兩點的斜率

$$= \frac{x_b^2 - x_a^2}{x_b - x_a}$$

$$= x_a + x_b$$

當 A（1,1）、B（2,4）的時候

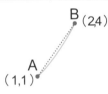

斜率 $= x_a + x_b = 1 + 2 = 3$

彎曲程度很大的曲線

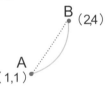

→ 雖然可以用左式求直線斜率，但是對於求此曲線斜率則不合理

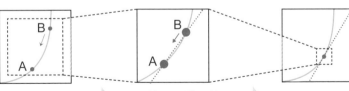

A 和 B 的距離慢慢減小 → 曲線和兩點間的直線幾乎要重疊 → 將此點的直線延伸則成為**切線**

曲線的斜率用切線表示！

3-5 二次函數的斜率①

用曲線上某點的切線表達斜率的改變

用切線表示曲線上各點的斜率

仔細想想，曲線上兩點間斜率的改變似乎確實可以用切線來表示，但是什麼是切線？讓我們再仔細想想、多多了解一些吧！

因為只有觸碰到（切過）曲線上的一點，所以稱為切線。也就是，曲線和切線只是互相碰到而並未相交。例如，圓形膠帶如果與一把直尺接觸，碰到的地方只是一點。在這個相碰的點上，圓形膠帶的斜率就是直尺的斜率。

順帶一提，雖然我們說切點只有一個，但若是三次函數，直線和曲線相切後，因為曲線的彎曲方向改變，會有再次相交的現象。

物體沿著描繪出的切線方向飛去

小的時候，你們有沒有模仿過牛仔丟繩的樣子？在頭頂上勇猛地來回甩著繩子，仗著氣勢，向著那邊的牛角丟過去。

現在，將這個繩子的弧線描繪出，可以發現在頭頂反覆盤旋的繩圈，在將手放開，繩子丟出的瞬間，軌跡就如同右圖弧型繩圈的切線，並朝著目標飛去。**呈弧形運動的物體會在失去向心力的瞬間，沿著切線方向飛去。**例如，賽車時方向盤若失去控制，車子衝出軌道的時候，也是沿著彎道的切線方向飛出去。

曲線和切線的關係

切線與曲線只有一點相交

但三次函數，如果曲線的彎曲方向改變，切線與曲線就可能會在其他地方相交。

切線對物體的運動是很重要的

向牛拋出繩圈時是切線方向

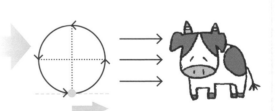

拋出繩子的牛仔　　俯瞰的繩圈
　　　　　　　　　　運動軌跡

沿弧形運動的物體常是向著切線方向運動。

二次函數的斜率②

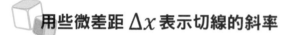

如果使用極限表示切線的斜率

用些微差距 Δx 表示切線的斜率

用切線表示曲線的斜率時，因為切線是與曲線上一點相切的直線，而切線的方向就如同物體的運動方向，所以是很重要的。

想要表現點 A 的切線斜率，就要換個角度想想看。將曲線 $f(x)$ 上的點 A（$a, f(a)$），稍稍移動 Δx 距離後，就變成了點 A'（$a + \Delta x, f(a + \Delta x)$），兩點斜率的計算，如右頁，結果便是：

$$< \text{AA' 的斜率} > = \frac{f(a + \Delta x) - f(a)}{\Delta x}$$

如果 Δx 愈靠近 0，則 A 和 A' 的距離就會越小，而方程式會漸漸接近點 A 的切線斜率。

使用極限讓 Δx 靠近 0

如果直接將 $\Delta x = 0$ 代入式子是不行的。為什麼呢？因為就像我們前面提到的，計算斜率的分母不能為 0。也就是，如果將 Δx 視為 0，就不是兩點相連的切線了。

Δx 無窮靠近 0，是不是很難想像？沒錯，這時候就要用到極限了（P.68）。

$$< \text{點 A 的斜率} > = \lim_{\Delta x \to 0} \frac{f(a + \Delta x) - f(a)}{\Delta x}$$

如果使用極限，就能表示曲線 $f(x)$ 上點 A 的斜率。

曲線斜率的公式

曲線的斜率

曲線上每個點的斜率，都可以用與該點相切的切線表示

點 A 與 A' 間的斜率

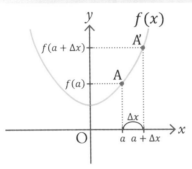

使用些微差距 Δx 來表示斜率
（點 A 與 A' 間的斜率）

$$= \frac{f(a + \Delta x) - f(a)}{a + \Delta x - a}$$

$$= \frac{f(a + \Delta x) - f(a)}{\Delta x}$$

用極限表示切線斜率

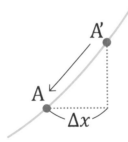

Δx 非常接近 0

相當於切線的斜率
※ 但不表示 $\Delta x = 0$

使用極限！

點 A 的切線 $= \lim_{\Delta x \to 0} \dfrac{f(a + \Delta x) - f(a)}{\Delta x}$

3-7 微分的特性

求微分係數

微分的實際計算方法與意義

使用極限表現函數 $f(x)$ 的斜率稱為**微分係數**。終於來到這章節了，終於進入「微分」的主體。事實上，如果對函數 $y=f(x)$ 上的點 A「微分」的話，會得到這樣的結果：

$$f'(a) = \lim_{\Delta x \to 0} \frac{f(a + \Delta x) - f(a)}{\Delta x} \quad (x = a \text{時的微分係數})$$

只是……到了這裡，你是不是也覺得不太有恍然大悟的感覺呢？如果是用加法求數字的加總我們可以理解。可是，使用極限去求斜率，這到底要拿來做些什麼？之後我們再用實例說明這個公式。在這裡，我們先統整到目前為止學到的內容吧。

①微分係數＝使用極限表示函數 $f(x)$ 的斜率。
②微分＝求微分係數
進一步解釋第一章曾說明過的微分要點。
③A 對 B 做微分求取變化量 C
④微分＝求一瞬間（一點）的變化量

將①②（具體的方法）和③④（意義）連結起來。③的 B 或 C 通常會被省略（但可以在方程式上清楚看到）。一般來說「對函數微分」，就是「$y=f(x)$ 對 x 微分以求 y'」的意思。接下來④使用了極限的觀念，因此求得「僅僅一瞬間（一點）」的「變化量」，就是求取所謂「微分係數（切線的斜率）」。

微分

微分係數 ＝用極限表示函數 $f(x)$ 的斜率

函數 $y = f(x)$ 在點 $A(a, f(a))$ 的微分係數

$$f'(a) = \lim_{\Delta x \to 0} \frac{f(a + \Delta x) - f(a)}{\Delta x}$$

微分的意義	微分的方法
A 對 B 微分 求 C 的變化量 ────────── 求一瞬間（一點） 的變化量	求微分係數

┼

微分的意義與方法

對函數微分
‖

A $\boxed{y = f(x)}$ 對 B $\boxed{\quad x \quad}$

微分求 C $\boxed{\quad y' \quad}$

※ 通常 B 與 C 會省略不寫

──────────────────────────

使用極限求一點上的變化量（微分係數：斜率）

3-8 微分的公式①

從基本微分公式到導函數

所謂的導函數就是微分後的函數

雖然我們說明了微分意義與計算方法的關係，但我們還是會直接使用方便的微分公式。用函數 x 表示微分係數：

$$f'(x) = \lim_{\Delta x \to 0} \frac{f(x + \Delta x) - f(x)}{\Delta x}$$

此稱為**導函數**，差別只在於我們把先前使用的 a 換成了 x。這麼做的意義是，經過微分後的函數不只是點 A（$a, f(a)$）的斜率，而是函數 $f(x)$ 上在所有點的微分係數（斜率）。

推導常數微分的基本公式

現在，讓我們詳細說明本章一開始就介紹的微分基本公式，$(x^n)' = n x^{n-1}$、$(a)' = 0$（$a =$ 常數）。**經過此基本公式便能求出導函數**，首先從常數函數開始我們的練習吧。

微分 $y = a$，如右圖，因為此方程式與 x 軸平行，故 $f(x + \Delta x)$ 和 $f(x)$ 均為 a，微分後便成為：

$$(a)' = \lim_{\Delta x \to 0} \frac{a - a}{\Delta x} = 0$$

當然，a 代入任何常數結果都不會改變。在計算極限時，因為分子為 0，所以讓計算變得非常簡單。雖然，之後會遇到求高次方數的導函數，但求 Δx 極限時不會出現特別複雜的計算，請您放心。

導函數是什麼

導函數 ＝表示函數 $f(x)$ 的微分係數（斜率）

$$f'(x) = \lim_{\Delta x \to 0} \frac{f(x + \Delta x) - f(x)}{\Delta x}$$

常數的微分

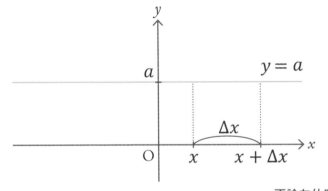

不論在什麼位置
$f(x)$ 均為 a

$$y' = \lim_{\Delta x \to 0} \frac{f(x + \Delta x) - f(x)}{\Delta x}$$

$$= \lim_{\Delta x \to 0} \frac{a - a}{\Delta x} = \lim_{\Delta x \to 0} \frac{0}{\Delta x} = \underline{0}$$

結果一樣是 $(a)' = 0$ （a：常數）

3-9 微分的公式②

一次函數和二次函數的微分性質

一次函數和二次函數都可以用公式得到導函數

看完常數函數，接著來看看一次函數 $y = ax$ 吧：

$$(ax)' = \lim_{\Delta x \to 0} \frac{a(x + \Delta x) - ax}{\Delta x} = a$$

和公式的 $(x)' = 1$ 一樣，因為一次函數為直線，所以任何位置的斜率都是定值，因此 x 的係數 a 是常數。

再來看看二次函數，對於經過一次微分的 $y = ax^2$ 如下式：

$$(ax^2)' = \lim_{\Delta x \to 0} \frac{a(x + \Delta x)^2 - ax^2}{\Delta x} = 2ax$$

因為 Δx 逼近於 0，所以結果為 $2ax$，與 $(x^2)' = 2x$ 的結果一致。

係數增加或是變成多項式，微分的計算還是一樣簡單

你或許注意到了，即使函數 x 或 x^2 乘上常數也不影響「微分」這個動作。只要如下對 x 微分後再乘上常數 a 就行了：

$$(af(x))' = a \times f'(x) \quad (a:常數)$$

另外，像是函數 $y = ax^2 - bx + c$ 這種包含正、負各項的多項式，對各項的 x 微分後，結果也是 $y = 2ax - b$。也就是說，

$$(f \pm g)' = f' \pm g'$$

求出導函數的基本公式之證明在此省略（因為不是很難，所以想要知道其中涵義的人，可以自己去研究、調查一下吧）。

微分一次函數的基本公式

求 $y = ax$ 的導函數　　　　　　　　　　（a: 常數）

$$f'(x) = \lim_{\Delta x \to 0} \frac{a(x + \Delta x) - ax}{\Delta x} = \lim_{\Delta x \to 0} \frac{a\Delta x}{\Delta x} = a$$

結果一樣是 $(x)' = 1$

微分二次函數的基本公式

求 $y = ax^2$ 的導函數　　　　　　　　　　（a: 常數）

$$f'(x) = \lim_{\Delta x \to 0} \frac{a(x + \Delta x)^2 - ax^2}{\Delta x}$$

$$= \lim_{\Delta x \to 0} \frac{a(x^2 + 2x\Delta x + \Delta x^2) - ax^2}{\Delta x}$$

$$= \lim_{\Delta x \to 0} \frac{2ax\Delta x + a\Delta x^2}{\Delta x} = \lim_{\Delta x \to 0} (2ax + a\Delta x) = 2ax$$

結果一樣是 $(x^2)' = 2x$

微分的基本性質

函數加倍後的微分　　　　　　　　　多項式的微分

$(af(x))' = a \times f'(x)$　　　　$(f \pm g)' = f' \pm g'$

（a: 常數）

3-10 微分的公式③

微分 n 次函數的基本公式與意義

微分 n 次函數的基本公式規則不變

三次函數 $y=ax^3$ 的計算如右頁，結果如下：

$$(ax^3)' = \lim_{\Delta x \to 0} \frac{a(x + \Delta x)^3 - ax^3}{\Delta x} = 3ax^2$$

四次函數的情形一樣，求導函數與微分的基本公式 $(x^n)'=nx^{n-1}$ 一致。稍稍說明一下，將 $(x+\Delta x)^n$ 展開，因為展開的各項幾乎都包含 Δx，一旦取 $\Delta x \to 0$ 的極限，則只剩 nx^{n-1} 這項，除此之外的各項均可忽略不計。

即使次方不斷增加，微分的計算還是很單純

在本章的開頭就是五次函數的微分計算，即使微分後，還是很難了解它的含意吧。計算雖然有些麻煩，但函數的次數再怎麼增加，微分的使用方法還是很單純。**二次函數以上的函數也能描繪成曲線。而微分係數（斜率）就是圖形上 x 與 y 的比值。**也就是，函數圖形中，如果斜率是正的，坐標右方的傾斜角度就會向上，如果斜率是負的，坐標右方的傾斜角度就會向下，就是這樣。

依照基本公式，$(x^n)'=nx^{n-1}$，對 x 微分後，二次函數就會變成一次函數，而一次函數就會變成常數函數，每微分一次 x 的次方數就會減少一次。也就是，我們可以依據破壞一階層的原始函數，對函數圖形變化的樣子（斜率）做近一步的分析。

n 次函數的微分

微分三次函數的基本公式

$$(ax^3)' = \lim_{\Delta x \to 0} \frac{a(x + \Delta x)^3 - ax^3}{\Delta x}$$

$$= \lim_{\Delta x \to 0} \frac{a(x^3 + 3x^2\Delta x + 3x\Delta x^2 + \Delta x^3) - ax^3}{\Delta x}$$

$$= \lim_{\Delta x \to 0} \frac{3ax^2\Delta x + 3ax\Delta x^2 + a\Delta x^3}{\Delta x}$$

$$= \lim_{\Delta x \to 0} (3ax^2 + 3ax\Delta x + a\Delta x^2) = 3ax^2 \implies \text{結果一樣是} (x^3)' = 3x^2$$

微分 n 次函數的基本公式

最高次方的導函數為何

$$(x^n)' = \lim_{\Delta x \to 0} \frac{\left(x^n + nx^{n-1}\Delta x + \Delta x^2 \times < \text{其他各項} >\right) - x^n}{\Delta x}$$

$$= \lim_{\Delta x \to 0} (nx^{n-1} + \Delta x \times \text{其他各項})$$

當 Δx 逼近 0 時，結果一樣是 $(x^n)' = nx^{n-1}$

※ 在此省略詳細計算過程

微分係數就是斜率

複雜的五次函數

$$f(x) = x^5 + 2x^4 + 3x^3 + 4x^2 + 5x + 6$$
$$f'(x) = 5x^4 + 8x^3 + 9x^2 + 8x + 5$$

就算是次方數很高的方程式，$f'(x)$ 也是曲線上切線的斜率（y 與 x 的比值）

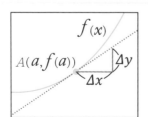

$$f'(a) = \lim_{\Delta x \to 0} \frac{\Delta y}{\Delta x}$$

$f'(a) > 0$ 圖形右端向上傾斜

$f'(a) < 0$ 圖形左端向上傾斜

微分符號

不同的場合使用不同的符號

相同意義的符號有各自適合的場合

以 x 對函數 $y=f(x)$ 微分：

$$y = \frac{dy}{dx} = \lim_{\Delta x \to 0} \frac{f(x + \Delta x) - f(x)}{\Delta x}$$

如右頁說明，我們能用不同的符號表示。但這並不意味著這些符號可以隨意使用，讓我依序說明吧。

如果函數中的「'」符號代表微分的意思（「"」代表微分兩次）。若寫成 f 則可以用非 x 的函數表達。「$\frac{dy}{dx}$」與「$\frac{y}{x}$」的分數形式，雖然意義很相似，但由於加上了 d，所以其實是極小的 x 和極小的 y 相除。

「$\frac{dy}{dx} = \frac{df}{dx} = \frac{d}{dx}f(x)$」，好像不很確定它們的差異，對吧？因為就只有「$y=f=f(x)$」這些地方長得不一樣呀。

順帶一提，d 是 Δ 的變形。也就是，dx 和 $\lim_{\Delta x \to 0} \Delta x$ 意義十分相近。所謂 dx 與 dy 是什麼？讓我們好好了解它的含意吧，因為即使到了積分它們還是會出現。

「$\lim_{\Delta x \to 0} \frac{f(x + \Delta x) - f(x)}{\Delta x}$」是導函數的定義，也就是用極限表示微分係數。

將「$\lim_{\Delta x \to 0} \frac{\Delta y}{\Delta x}$」中的 Δy 視為 $\Delta y=f(x+\Delta x)-f(x)$，便可以應用至導函數的式子中。

相同的微分也能有不同的表現方法。**依據各種寫法的特性，可以寫成簡單的，也可以寫成完整仔細的，應該都要能依據不同場合靈活地運用。**

表達微分的各種方法

$$y' = f'(x) = f' = \frac{dy}{dx} = \frac{df}{dx} = \frac{d}{dx}f(x)$$

意義全
都相同

$$= \lim_{\Delta x \to 0} \frac{f(x + \Delta x) - f(x)}{\Delta x} = \lim_{\Delta x \to 0} \frac{\Delta y}{\Delta x}$$

1 ， Prime
表示一次微分　　※「"」表示二次微分

例 $y' = f'(x) = f'$、$(2x)'$

➡ 簡潔的書寫方式

2 $\frac{dy}{dx}$
即極小的 x 除以極小的 y

例 $\frac{dy}{dx} = \frac{df}{dx} = \frac{d}{dx}f(x)$　　※ $y = f = f(x)$

➡ 欲表達微分細節時使用

Δx 和 dx
d 是希臘文字 Δ（delta）的第一個字母，
$dx = \lim_{\Delta x \to 0} \Delta x$，因此 dx 是指極小的 x。

3 $\lim_{\Delta x \to 0}$
使用極限表示導函數

例 $\lim_{\Delta x \to 0} \frac{f(x + \Delta x) - f(x)}{\Delta x} = \lim_{\Delta x \to 0} \frac{\Delta y}{\Delta x}$　　※ $\Delta y = f(x + \Delta x) - f(x)$

➡ 參考極限之模樣時使用

應該要能根據不同場合靈活地運用

3-12 距離、速度、時間的關係①

該用什麼速度跑去洗溫泉呢？

儀表板的速度不是平均速度

現在，讓我們從不親切的符號與函數的數學世界回來吧，先去泡個輕鬆的溫泉。

有個有名的溫泉，在離這裡大約 60 公里的郊區。如果走高速公路的話，也許一個小時就會到。

那麼，我們應該開多快呢？因為要在一個小時內到 60 公里外的地方，所以我們要保持時速 60 公里嗎？但車子儀錶板的速度，指的是保持一模一樣速度一個小時後會走多少公里，也就是瞬時速度。不過，事實上，在到達目的地前，車子是從靜止狀態慢慢加速，車速有時增加，有時減少。因此到達的時間有可能較快或較慢。

想想看時間和距離的關係

開車去洗溫泉時，距離是怎麼漸漸拉近的呢？邊看地圖邊寫下來吧。

※ 開上高速公路後，離目的地的出口還有 45 公里

※ 在接近出口的服務區休息

※ 在一般公路上開了 15 公里後到達

花一個小時後，我們到達目的地，把當時的時間和距離以圖形表示，如右頁圖。

速度是每單位時間內前進的距離。所以，**距離和時間圖形上的斜率，就是當時車子的瞬時速度**。是不是覺得好像看到微分的影子了？

車速和距離的關係

開車到溫泉的一個小時

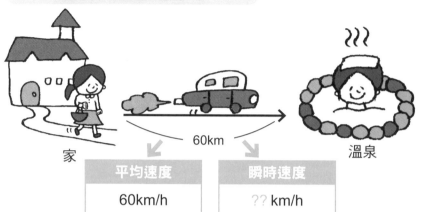

家　　　　　　　60km　　　　　　　溫泉

平均速度	瞬時速度
60km/h	?? km/h

想一想時間和距離的變化

①向 45 公里外的高速公路出口開去　➡ 30 分鐘
②在服務區休息　　　　　　　　　　➡ 15 分鐘
③在一般公路開了 15 公里　　　　　➡ 15 分鐘

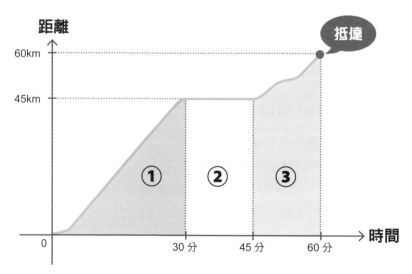

距離、速度、時間的關係②

開往溫泉站的速度有高有低

距離對時間微分得到速度

開了一小時的車去洗溫泉，開車時的時間與距離的關係如右圖。距離與時間的比值就是速度，而圖形中的斜率，表示當下車子的速度。

也就是，距離對時間微分就會得到速度。如果車子在高速公路上速度是 100km/h、在一般道路上是 60km/h 的話，就能用右頁下的圖形表示。

右頁圖中，速度由高速公路起算，一路上升至 100km/h。接著，以相同速度持續 30 分鐘後，到達 45 公里外的出口，因為沒有紅綠燈，所以速度能一直保持在 100km/h，圖形便是一條直線。停在出口附近的服務區休息時，速度為 0km/h，此時的速度與 x 軸重疊。然後，在一般公路上，以 60km/h 的速度，在 15 分鐘後抵達溫泉站。途中，因為等了一個紅燈，所以圖形出現山谷形狀的曲線，其後便再度上升至 60km/h 的速度。我們可以像這樣用距離與時間的斜率，畫出速度變化圖。

距離的瞬間變化量就是速度

微分，就是「求取瞬間變化量」，如果套用到求距離的瞬間變化量，得到的就是速度。當我們開的不是普通的車子，而是 F1 方程式賽車，距離與時間的圖表就會變得十分有趣。當然，此時你可能要不斷地用到微分技巧。

距離和速度的關係

距離和時間的圖形

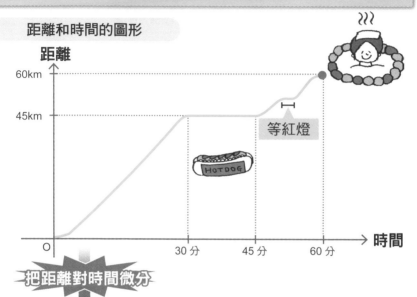

把距離對時間微分

速度與時間的關係

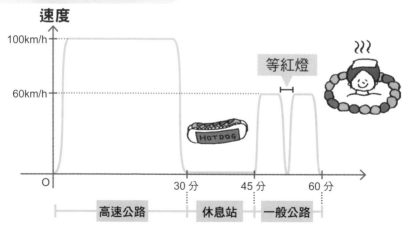

**把距離對時間微分所得的瞬間變化量，
就是速度！**

距離、速度、時間的關係③

踩油門加速，踩剎車減速！

速度對時間微分得到加速度

我們已經知道距離對時間微分可以得到速度。但是，如果再以速度對時間微分的話可以得到什麼東西呢？

那就是，**瞬時速度的變化量，即加速度**。例如第一章（P.20）的例子，想要用圖形表達，電車在停止時身體所感受到的搖晃。時速 90km/h 的電車要用剩下的 1 分鐘停下來，將速度變成 0km/h。我們可以假設電車是單純每一秒鐘減速 1.5km/h。但有時電車進站到停止前的那幾秒鐘，速度會很快地下降，這樣的急煞會讓身體感到很強大的推力，必須趕緊抓住手拉環。會有這樣的快速煞車，是為了在短時間內大幅降低速度。當然，在這樣的情況下，速度會降低，而加速度的值便是負的。

從速度變化圖上，分辨急速行駛和緊急煞車

現在，讓我們回到開車去洗溫泉的話題吧。所謂車子的加速度就是，當腳踩油門車子的速度上升；腳踩剎車，車子減速。雖然即使沒有踩剎車，車子也會緩慢地減速。

對時間和速度的圖形微分，便可得加速度，此時僅僅數秒的加速或剎車，也會在圖形上出現各式各樣的變化。

在最後的 15 分鐘中，一開始是急速行駛，為了等紅燈必須急煞，其後為了行車安全，而拉長了加速與減速的時間，右圖為這 15 分鐘內速度與加速度的圖形。

以圖形表示身體能感受到的加速度

加速度 ＝瞬時速度的變化量

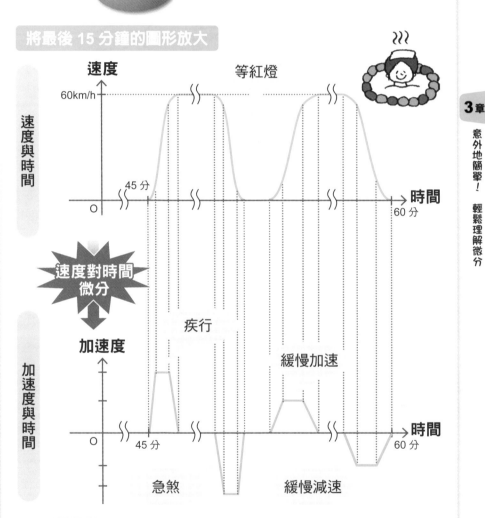

將最後 15 分鐘的圖形放大

速度與時間

加速度與時間

速度對時間微分

速度
60km/h
等紅燈
45 分
時間
60 分

加速度
疾行
緩慢加速
45 分
時間
60 分
急煞
緩慢減速

速度對時間微分所得的瞬間變化量，
就是加速度！

3-15 二次函數的微分①

微分係數是很重要的

用微分二次函數來簡單求得頂點

　　如同第二章（P.56）說明過的，二次函數的曲線，有開口向下與開口向上兩種。而頂點可以透過硬湊成完全平方的配方法得到。我們用好不容易熟練的微分，分析下列的二次函數吧。

$$y = -\frac{x^2}{2} + x + \frac{5}{2} \qquad y' = -x + 1$$

　　此函數的頂點位於圖形尖端，所以其斜率和 x 軸平行，並且為 0。因此，如果代入 $y'=0$，會得到 $x=1$，即頂點的 x 坐標，將 $x=1$ 代入方程式後得到 $y=3$，此為頂點坐標（1,3）。**將微分係數代為 0 便求得 x 坐標，因此，即使不用配方法也可以簡單求得頂點坐標。**

　　開口向上或開口向下的二次函數頂點，可能是最大值或最小值。想要分析函數的特性，最大值或最小值的了解是非常重要的。我們可以因為用這種簡單的方法來得到頂點，真的非常方便。

開口向上與開口向下的函數微分係數

　　我們在第二章曾說明過，能從二次函數 $y = ax^2 + bx + c$ 的係數 a 知道圖形為開口向上或開口向下。此特性也可以用微分解釋，函數經過微分後，成為 $y' = 2ax + b$，若 y' 的斜率 a 為正，則以頂點 $y'=0$ 為界，兩旁斜率分別逐漸向右上方傾斜，與向左上方傾斜，而描繪出開口向上的樣子。

用微分求得二次函數的頂點

便利的方法

頂點的切線斜率因為和 x 軸平行,所以斜率是 0

$$y = -\frac{x^2}{2} + x + \frac{5}{2} \quad\text{——①}$$

微分

$$y' = -x + 1 \quad\text{——②}$$

將 $y' = 0$ 代入②

$$0 = -x + 1 \Rightarrow x = 1$$

將 $x = 1$ 代入①

$$y = -\frac{1^2}{2} + 1 + \frac{5}{2} = 3$$

由①得頂點為(1,3)

不同圖形有不同的微分係數

$$y = ax^2 + bx + c \quad\text{微分}\quad y' = 2ax + b$$

$a > 0$

由左向右斜率純粹增加

開口向上

$a < 0$

由左向右斜率純粹減少

開口向下

3-16 二次函數的微分②

由圖形了解微分的意義

體會函數與導函數的關係

我們已經知道使用微分可以簡單地求得頂點坐標。接下來，從其他角度來看看 y 和 y' 吧。

$$y = 2x^2 + 4x \qquad y' = 4x + 4$$

當 $y'=0$，由於 $x=-1$，則 $y=-2$，頂點即為（-1,-2）。將 y 和 y' 的圖形放在同一個坐標上，如右頁圖。如此一來，可以看出兩者之間的關係嗎？

現在讓我們想像一下它們之間的關係，y' 為 y 斜率，所以 $y'=0$ 與 x 軸平行，因此，y' 如何變化對 y 來說是很重要的，你們也能感受到吧？

用切線描繪二次函數

想要畫二次函數的圖形時，只能依照通過頂點之左右對稱曲線的線索畫畫看。如今我們好不容易了解切線斜率的含義，那麼就試著畫畫下面這個函數吧，$y = -\frac{1}{2}x^2 + x + \frac{5}{2}$，將頂點坐標當作中心點，各取左右兩側兩個點，並求出各點的切線斜率吧，$f'(-3)=4$、$f'(-1)=2$、$f'(0)=1$、$f'(2)=-1$、$f'(3)=-2$、$f'(5)=-4$。如右圖般畫出各切線。**用微分求得的切線斜率，正是從曲線求得的導函數。**順帶一提，畫出曲線上點的切線，就如同勾勒出輪廓，而這些切線圍成的包絡線便能描繪出優美的二次函數。

將 y 和 y' 的圖形畫在同一個坐標上

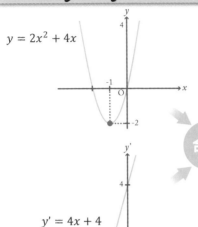

$y = 2x^2 + 4x$

$y' = 4x + 4$

合併

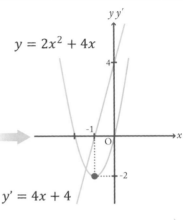

$y = 2x^2 + 4x$

$y' = 4x + 4$

可以表現出兩個函數
之間的關係

用切線的斜率勾勒二次函數

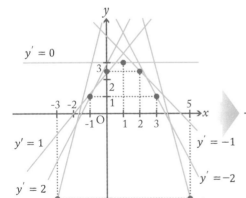

$y' = 0$

$y' = 1$

$y' = 2$

$y' = 4$

$y' = -1$

$y' = -2$

$y' = -4$

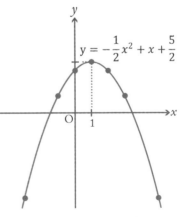

$y = -\dfrac{1}{2}x^2 + x + \dfrac{5}{2}$

依據用微分所求得的切線斜率，
得知曲線的變化

3-17 做一個很大的圍欄

對有限的材料微分

用二次函數表示圍欄的面積

用一條 40 公尺長的金屬鏈圍成一個四邊形的圍欄。想要盡可能地圍住最多人數。想想看，怎樣的四邊形能有最大的面積、圍住最多的人呢？如果將一邊長設為 x，則對邊邊長也會是 x，另外兩側的邊長便是 $20-x$，如右頁之計算。這個金屬鏈所圍成的面積就是：

$$<圍欄的面積> = x \times (20-x) = 20x - x^2$$

若將 y 當作面積，並為 x 的函數，就形成了二次函數。清楚地設定好 x 的範圍後，y 的最大值就迎刃而解了。因為是二次函數，x^2 的係數必須是負的，才能描繪出開口向下的二次函數曲線，也才有最大值。

那麼，為了知道頂點坐標，我們先將 y 微分，便得：

$$y' = -2x + 20$$

頂點的位置就在斜率是 0 的地方，當 $y'=0$ 時，$x=10$、$y=100$，頂點即（10,100）。面積 y 的圖形就如右圖。當一邊長到達 10 公尺之前，面積會不斷增加，但一旦邊長大於 10 公尺，面積就開始向下減少。

順帶一提，因為 x 是邊長，y 是面積，所以 x 與 y 都必須大於 0。在這 x 與 y 都為正的範圍中，我們可以看到很顯然地最大值就是頂點，即當一邊長為 10 公尺時，面積會變成最大值 $100m^2$。

以二次函數表達面積最大值

題目

40 公尺的金屬鍊

圍成

該怎麼做呢？

面積最大的四邊形

將其中一邊邊長設為 x

$(40 - 2x) \div 2 = \underline{20 - x}$

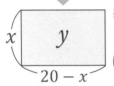

如果我們將面積 y 用二次函數 x 表示

$y = x(20 - x) = -x^2 + 20x$

微分

$y' = -2x + 20$

求出二次函數頂點坐標

令 $y' = 0$

$x = 10$

所以 $y = 100$

➡ 頂點 $(10, 100)$

答 當一邊長是 10 公尺時，
會有最大面積 100 平方公尺

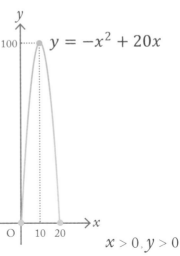

$y = -x^2 + 20x$

$x > 0, y > 0$

相乘與相除函數的微分

好方便的計算技巧

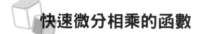 快速微分相乘的函數

像 $g(x) \times f(x)$ 這種無法展開的乘法函數，也有簡單的微分技巧，稱為**乘法微分公式**：

$$\{g(x)h(x)\}' = g'(x)h(x) + g(x)h'(x)$$

就像上式般地單純。如果我們將導函數如右頁般地慢慢展開，最後就會得到此單純的規則。舉例來說，如果想將 $y = (x^3 + 7x)(-3x^2 + 6)$ 展開再微分，計算會是複雜又辛苦，但若使用右頁的公式，即使不用一一展開也能微分。

快速微分相除的函數

就像上述的乘法微分公式，相除的分數函數也有便利的微分公式：

$$\left\{ \frac{h(x)}{g(x)} \right\}' = \frac{h'(x)g(x) - h(x)g'(x)}{g(x)^2}$$

同樣地，將導函數展開、整理這些很麻煩的式子後，最終便能得到此公式。

像是 $y = \frac{x^2 + 2x + 5}{x^2}$，在**套用右頁的公式後，可以省掉不少麻煩的計算**。

順帶一提，即使沒有這個相除函數的公式，我們也能將分母視為原次方乘上 -1 次，再當作示乘法函數利用公式計算。但如果你還能接受右頁的公式，那麼將公式記下會省事得多吧！

以導函數推導微分公式

相乘函數的微分公式

$$\{g(x)h(x)\}' = \lim_{\Delta x \to 0} \frac{g(x+\Delta x)h(x+\Delta x) - g(x)h(x)}{\Delta x}$$

$$= \lim_{\Delta x \to 0} \frac{g(x+\Delta x)h(x+\Delta x) - g(x)h(x+\Delta x) + g(x)h(x+\Delta x) - g(x)h(x)}{\Delta x}$$

$$= \lim_{\Delta x \to 0} \frac{\{g(x+\Delta x) - g(x)\}h(x+\Delta x) + g(x)\{h(x+\Delta x) - h(x)\}}{\Delta x}$$

$$= \left\{ \lim_{\Delta x \to 0} \frac{g(x+\Delta x) - g(x)}{\Delta x} \right\} \times \lim_{\Delta x \to 0} h(x+\Delta x) + g(x) \times \lim_{\Delta x \to 0} \frac{h(x+\Delta x) - h(x)}{\Delta x}$$

$$= \underline{g'(x)h(x) + g(x)h'(x)}$$

例 $\{(x^3 + 7x)(-3x^2 + 6)\}' = (x^3 + 7x)'(-3x^2 + 6) + (x^3 + 7x)(-3x^2 + 6)'$
$$= (3x^2 + 7)(-3x^2 + 6) + (x^3 + 7x)(-6x)$$

相除／分數函數的微分公式

$$\left\{ \frac{h(x)}{g(x)} \right\}' = \lim_{\Delta x \to 0} \frac{\dfrac{h(x+\Delta x)}{g(x+\Delta x)} - \dfrac{h(x)}{g(x)}}{\Delta x}$$

$$= \lim_{\Delta x \to 0} \left\{ \frac{1}{g(x+\Delta x)g(x)} \cdot \frac{h(x+\Delta x)g(x) - h(x)g(x+\Delta x)}{\Delta x} \right\}$$

$$= \lim_{\Delta x \to 0} \frac{1}{g(x+\Delta x)g(x)} \times \lim_{\Delta x \to 0} \frac{h(x+\Delta x)g(x) - h(x)g(x) + h(x)g(x) - h(x)g(x+\Delta x)}{\Delta x}$$

$$= \frac{1}{g(x)^2} \times \lim_{\Delta x \to 0} \frac{\{h(x+\Delta x) - h(x)\}g(x) + h(x)\{g(x) - g(x+\Delta x)\}}{\Delta x}$$

$$= \frac{1}{g(x)^2} \times \left\{ g(x) \times \lim_{\Delta x \to 0} \frac{h(x+\Delta x) - h(x)}{\Delta x} - h(x) \times \lim_{\Delta x \to 0} \frac{g(x+\Delta x) - g(x)}{\Delta x} \right\}$$

$$= \underline{\frac{h'(x)g(x) - h(x)g'(x)}{g(x)^2}}$$

例 $\left(\dfrac{x^2 + 2x + 5}{x^2} \right)' = \dfrac{(x^2 + 2x + 5)'x^2 - (x^2 + 2x + 5)(x^2)'}{(x^2)^2}$

$$= \frac{(2x + 2)x^2 - (x^2 + 2x + 5)2x}{x^4}$$

總結微分

求函數變化量

用極限計算圖形的斜率

為了能夠充分理解微分，我們必須了解下列三個觀念。

①函數的特性　②圖形斜率的概念　③極限的特性

不只是直線，曲線函數斜率的概念也必須了解。曲線的斜率只能用其中一點相切之**切線**代表。若用**極限**表示在這條曲線上的切線斜率，則式子如下：

$$f'(x) = \lim_{\Delta x \to 0} \frac{f(x + \Delta x) - f(x)}{\Delta x}$$

上式稱為**導函數**。接著，要將微分具體化，則用導函數找出 y 對 x 的變化量（斜率）。此外，我們也可以將這個斜率稱為**微分係數**。

但是，每次都用導函數計算函數的斜率是非常辛苦的，所以，一個非常簡單的規則出現了。那就是：

$$(x^n)' = nx^{n-1} \qquad (a)' = 0 \quad (a: 常數)$$

不論多項式包含幾項，只要記下此模式就都很容易。

如果這樣便能求得斜率，就也能知道對時間微分的瞬間變化量，如此一來，距離與時間的變化量就是速度，速度與時間的變化量就是加速度。

再來，當我們想要求得二次函數的頂點，必須使用強迫湊成完全平方的配方法，並在微分後求得 $y'=0$ 的 x，進而得到頂點。

如上述一般，我們對於想要表達的函數，可以使用微分分析細微的變化量。

總結 從微分的基本公式到使用方法

$y = x$ Δy y 與 x 的比值 = 函數的斜率 = 微分係數

Δx

微分 = 求微分係數

使用極限求微分係數的方法

導函數 $f'(x) = \lim\limits_{\Delta x \to 0} \dfrac{f(x + \Delta x) - f(x)}{\Delta x}$

使用導函數所得的結果

微分的基本公式

$$(x^n)' = nx^{n-1} \quad (a)' = 0 \quad (a: 常數)$$

運用微分的地方

- 距離、速度、加速度的關係
- 二次函數的頂點
- 二次函數的最大值與最小值

......

微分是非常
簡單的♪

練習 各式各樣的微分！

題目

描繪函數圖形，並求 $x=3$ 的切線方程式

$$y = x^2 - 2x + 1$$

解答①

❶以微分求頂點

$$f'(x) = 2x - 2$$
$$0 = 2x - 2 \Leftrightarrow x = 1$$
$$f(1) = 1 - 2 + 1 = 0$$

⇒頂點（1,0）

❷求通過切線的點

$$f(3) = 4 \Rightarrow （3,4）通過此點$$

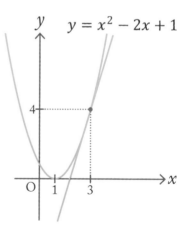

❸求切線斜率

$$f'(3) = 2 \times 3 - 2 = 4$$

由❷、❸式

將（3,4）代入 $y = 4x + b$

$$4 = 4 \times 3 + b \Leftrightarrow b = -8$$

因此，通過 $x=3$ 的切線方程式為

$$y = 4x - 8$$

微分下列函數吧

❶ $y = -x^5 - \dfrac{1}{4}x^3 + 8x + 10$

❷ $y = \sqrt{x}$

❸ $y = x^{10} + \dfrac{1}{\sqrt{x}}$

❹ $y = (2x^4 - 3x^2)(x + 1)$

❺ $y = \dfrac{2x^4 - x^2 - 1}{x + 3}$

解答①

$y = -x^5 - \dfrac{1}{4}x^3 + 8x + 10$　若要微分此函數

$y' = \left(-x^5 - \dfrac{1}{4}x^3 + 8x + 10\right)'$

$\boxed{\left(x^n\right)' = nx^{n-1}}$　根據此公式

$\qquad = -5x^4 - \dfrac{3}{4}x^2 + 8$

解答②

$y = \sqrt{x}$ 若要微分此函數

$x^{\frac{1}{2}} = \sqrt{x}$

$$y' = (\sqrt{x})' = \left(x^{\frac{1}{2}}\right)'$$

$(x^n)' = nx^{n-1}$ 根據此公式

即使 n 不是整數也成立

$$= \frac{1}{2}x^{\frac{1}{2}-1} = \frac{1}{2}x^{-\frac{1}{2}} = \frac{1}{2\sqrt{x}}$$

$x^{-1} = \dfrac{1}{x}$

解答③

$y = x^{10} + \dfrac{1}{\sqrt{x}}$ 若要微分此函數

$$y' = \left(x^{10} + \frac{1}{\sqrt{x}}\right)' = (x^{10})' + \left(\frac{1}{\sqrt{x}}\right)'$$

$$= (x^{10})' + \left(x^{-\frac{1}{2}}\right)'$$

$x^{-1} = \dfrac{1}{x}$

$(x^n)' = nx^{n-1}$ 根據此公式

$x^{\frac{1}{2}} = \sqrt{x}$

$$= 10x^9 - \frac{1}{2}x^{-\frac{3}{2}} = 10x^9 - \frac{1}{2\sqrt{x^3}}$$

$y = (2x^4 - 3x^2)(x + 1)$ 若要微分此函數

$$y' = \{(2x^4 - 3x^2)(x + 1)\}'$$

$$\{g(x)h(x)\}' = g'(x)h(x) + g(x)h'(x) \quad \text{根據此公式}$$

$$= (2x^4 - 3x^2)'(x + 1) + (2x^4 - 3x^2)(x + 1)'$$

$$= (8x^3 - 6x)(x + 1) + (2x^4 - 3x^2)$$

$$= \underline{10x^4 + 8x^3 - 9x^2 - 6x}$$

$y = \dfrac{2x^4 - x^2 - 1}{x + 3}$ 若要微分此函數

$$y' = \left(\frac{2x^4 - x^2 - 1}{x + 3}\right)'$$

$$\left\{\frac{h(x)}{g(x)}\right\}' = \frac{h'(x)g(x) - h(x)g'(x)}{g(x)^2} \quad \text{根據此公式}$$

$$= \frac{(2x^4 - x^2 - 1)'(x + 3) - (2x^4 - x^2 - 1)(x + 3)'}{(x + 3)^2}$$

$$= \frac{(8x^3 - 2x)(x + 3) - (2x^4 - x^2 - 1)}{(x + 3)^2}$$

$$= \frac{6x^4 + 24x^3 - x^2 - 6x + 1}{(x + 3)^2}$$

3章
意外地簡單！ 輕鬆理解微分

吃螃蟹吃到飽會感到很滿足嗎？

微分和積分不只是數學公式，也運用於經濟學。效用函數中有所謂的「邊際效用遞減法則」。雖然很難簡單地用三言兩語解釋，不過，大家可以想一想是不是有過這樣的經驗？

在居酒屋，點了「螃蟹吃到飽」的套餐。吃完第一盤我們會覺得最滿足。但是，接下來的第二盤、第三盤、……慢慢增加之後，是不是開始有點走味了呢？滿足感漸漸地下降。最後，就變得「再也吃不下了」吧？這就是所謂的「邊際效用遞減法則」。

效用函數是因為獲得財富（本例中為吃螃蟹）所得到的滿足感，如果將吃下的螃蟹數量設為 x，效用就是 x 的函數。所謂邊際效用，就是每多吃一盤螃蟹，這盤螃蟹帶給你（妳）滿足感（效用）的量，效用函數的曲線可以用下圖中的弓形表示。因此，邊際效用也能說是將效用函數對吃下的螃蟹數量微分。比較從第零盤吃到第一盤與從第三盤吃到第四盤的效用函數區段，後者的切線斜率開始變的比較平緩。也就是，吃了越多的螃蟹，滿足感的增加會越少。

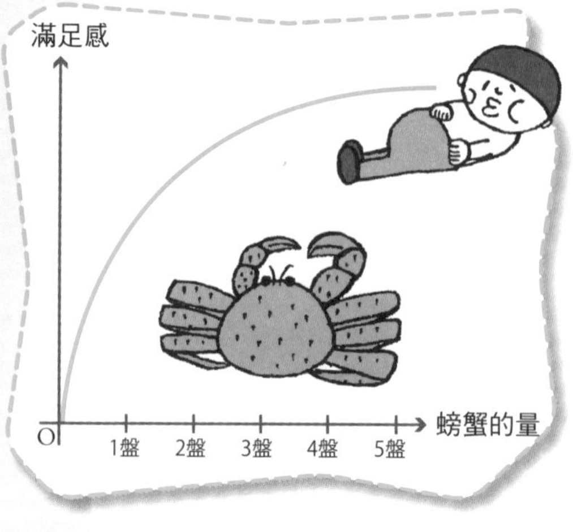

滿足感

O　　1盤　2盤　3盤　4盤　5盤　螃蟹的量

一定做得到!
快速輕易地了解積分

4-1 積分的計算

利用微分計算積分

微分的反運算就是積分

我們終於從本章開始進入積分了。雖然這麼說有點快,但我們還是直接來看看積分公式吧:

$$y = x^4 + 2x^3 + 4x^2 + 8x + 16 \qquad \cdots ①$$

你們知道怎麼計算嗎?不知道沒關係,忘了也沒關係,別擔心!讀完本頁後,你就會對解法十分了解了。不過和微分比起來,積分或許有些複雜,**其實在判斷怎麼進行積分並不會很困難,因為這都只是制式化的計算**。積分公式,只是反運算微分的基本公式 $(x^n)' = nx^{n-1}$ 而已。因為,積分其實就是微分的相反,所以對微分後的結果積分就會得到原來的式子。也就是如果積分 nx^{n-1} 的話,會得到原來的式子 x^n。換句話說,如果積分 x^n 後,再做微分就回得到原來的式子 x^n:

$$x^n \quad \boxed{積分} \longrightarrow \quad \frac{1}{n+1}x^{n+1} \ ,$$

而 $(\frac{1}{n+1}x^{n+1})' = x^n$。

其實,我們還必須在方程式中加上一個常數c。因為,如果有一個常數,便會在微分後變成0。例如,$(\frac{1}{n+1}x^{n+1}+c)' = x^n$。c稱為**積分常數**(我們會在後面詳細說明)。現在,積分①看看吧:

$$<積分①> = \frac{1}{5}x^5 + \frac{1}{2}x^4 + \frac{4}{3}x^3 + 4x^2 + 16x + C$$

原來積分也不是什麼大不了的事嘛。

計算積分好單純

微分

$$x^n \longrightarrow nx^{n-1}$$

積分就是微分的反運算

記得考慮常數微分後 0

積分的基本公式

積分

$$x^n \qquad \frac{1}{n+1}x^{n+1} + C$$

微分

C：積分常數

例 題

$$y = \quad x^4 \quad + \quad 2x^3 \quad + \quad 4x^2 \quad + \quad 8x \quad + 16$$

積分

y 的積分

$$= \frac{1}{4+1} \times x^{4+1} + 2 \times \frac{1}{3+1}x^{3+1} + 4 \times \frac{1}{2+1}x^{2+1} + 8 \times \frac{1}{1+1}x^{1+1} + 16x + C$$

$$= \frac{1}{5}x^5 + \frac{1}{2}x^4 + \frac{4}{3}x^3 + 4x^2 + 16x + C$$

積分的計算一點也不難

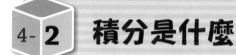

4-2 積分是什麼

用簡單的圖形了解積分

把所有細微的部分加起來

就像第一章說過的連環漫畫書，「積分」就是「求總和」。但是，如何求得總和呢？以連環漫畫書為例，就是將一張張圖片重疊起來，把所有細微的部分（杯中牛奶的變化）加總起來。

有一個將積分概念的特性表達清楚說法。一個邊長 10 公分的正方形，與一個底邊長 10 公分，高 10 公分的平行四邊形面積相同。若將平行四邊形由橫向愈切愈細，會發現平行四邊形能排成一個大小一樣的正方形。

再舉一個例子，有一疊影印用的 A4 紙張，從這堆影印紙的橫向看去是凌亂不規則的，但是只要慢慢地將紙張對齊整理後，會發現整疊影印紙的體積是不會改變的。

言歸正傳，「**面是無限多條平行線所重疊的，而體積是由無限多張平行面所重疊構成的。**」（**卡瓦萊利原理 Cavalieri's principle**），套用這個原理至平行四邊形或影印紙的例子中，如果各面之間被切割得極細微且大小相同（類似一條直線），這些面的總和會與原來的體積相同。

根據卡瓦萊利原理，不論什麼樣的圖形面積，似乎都能迎刃而解。只是，現實生活中我們無法加總無限多的薄片，只能切割成某種程度上的細微再一步步地計算。然而，因為**積分計算的是函數，所以我們可以準確的求出被切割成無限小塊的總和。**

積分的原理

卡瓦萊利原理 Cavalieri's principle

面是無限多條平行線的重疊，而體積是無限多張平行面的重疊

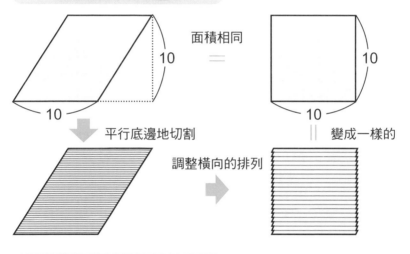

正方形與平行四邊形

面積相同
=

10

10

10

10

平行底邊地切割

變成一樣的

調整橫向的排列

許多面重疊的一疊紙

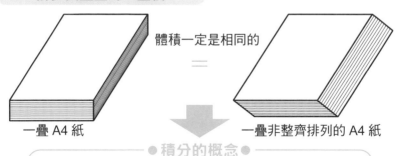

體積一定是相同的
=

一疊 A4 紙

一疊非整齊排列的 A4 紙

●積分的概念●

求分割成無限多小塊的總和

4-3 積分的符號①

拉長英文字母 S

 $\int$ 符號是加總細小單位

積分符號用於 $y=f(x)$ 對 x 做積分，可以寫成下式：

$$\int f(x)dx$$

公式裡的 dx 我們在第三章（P.98）中曾經說明過，即是無窮小的 x，也就是和 $\lim_{\Delta x \to 0} \Delta x$ 有相同的意思。而這個長得像蛇的蜿蜒符號 $\int$，稱為 integral。

$\int$ 就像是將英文字母 S 拉長，取自「總和（Sum）」的第一個字母。其後，便稱積分＜integral＞，有「全體」、「總體」的意思。所以，$\int$ 是無限加總以求總和的意思。

積分符號中 $f(x)\ dx$ 因為和「$f(x) \times dx$」有相同意義，所以有將兩者相乘的意思。也可以說是將無窮小的 x 乘以 $f(x)$，是指將 x 分割後的數字加總。

若要用積分求面積，由於 dx 指無窮小的寬度，所以是條接近沒有寬度的線。先前提過的卡瓦萊利原理，「面是無限多條平行線的重疊」，我們就用這樣的概念求總和。

順帶一提，說到加總的符號，也有稱為 $\sum$（sigma）的符號。因為希臘字母 $\sum$ 和羅馬字母的 S 意思相近。但是，$\sum$ 是計算整數加總，而 $\int$ 指的是積分。

談到積分

用 x 對 $f(x)$ 積分

$$\int f(x)dx$$

積分

$$\int$$

來自於「總和（sum）」的第一個字母 S，具總和的意思。

➡ 指將「$f(x) \times dx$」中無限分割的 dx 加總

無窮小的 x

$$dx$$

$$dx = \lim_{\Delta x \to 0} \Delta x$$

Δx：x 的寬度

➡ 無窮小的寬度 x

使用 $\int$ 是為了可以直覺地理解積分原理！

積分符號②

將積分的意義以圖形表示

以線一般大小的四邊形求總和

我們已經知道積分符號背後的意義,現在,再想想怎麼以圖形簡單地示意吧。

在第一章,將積分以圖形表示時,遇過求彎曲不規則的湖泊面積,如果我們將積分套用進去,就會如右圖。所謂的 dx 就是寬度無窮小 x,所以最終就是由這些細線組成湖泊。

$\int f(x)\, dx$ 中的「$f(x)\, dx$」是乘法的意思,也相當於求如線一般細長四邊形的面積。如果只是粗略地切割,就會出現剩餘的部分,如右圖,雖然並不會得到一個精確的四邊形,但若能無限切割,就會漸漸接近四邊形的樣子。最後,做出加總就可以求得湖的面積。

x 和 y 相乘後是有意義的

想要求取各式各樣的總和時,雖然應該要用積分的方式,但即使如此,也並非隨便選個 x 與 y 就可以。而是**以 x 和 y 相乘的方式求出你要的總和**。具體而言,若求面積,就是<縱向長> × <橫向長>;若求體積,就是<截面積> × <高度>;若求距離,就是<速度> × <時間>。

除此之外,計算的可行性,是將 y 以 x 的函數表示不可或缺的關鍵。

以符號理解積分

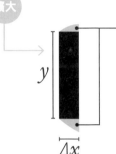

通常會有誤差發生

但是

對積分來說 $\int f(x)\,dx$

$$dx = \lim_{\Delta x \to 0} \Delta x$$

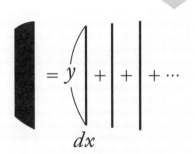

$$= y\left(\,\Big| \;+\; \Big| \;+\; \Big| \;+\cdots\right)$$

dx

如果是無窮小的寬度，
與無窮多的細長四邊形
相加，便可求得正確的
面積。

x 和 *y* 的關係

x 和 y 相乘後，便可求得全部總和

面積＝＜縱向長＞ × ＜橫向長＞
體積＝＜截面積＞ × ＜高度＞
距離＝＜速度＞ × ＜時間＞

4-5 積分的公式

運用公式解開微分和積分的關係

積分和微分互為反向操作

本章開始，說明如何得到積分的基本公式、積分的計算為何是微分的反運算。積分是將細長的四邊形加總，但為什麼也可以反向運算微分求得呢？如第一章所述，直到牛頓與萊布尼茲解開之前，微分和積分的關係，長久以來都蒙上了謎樣的面紗。

數學家昂利・萊昂・勒貝格（Henri Léon Lebesgue）推廣了這個公式：

$$f(x) = \frac{d}{dx} \int_0^x f(t)dt \quad \text{（微積分基本定理）}$$

上式試著解釋若將積分的結果再做微分的話，就會得到原來的函數，（$\int_0^x$ 是從 0 到 x 做積分）。除此之外，將做完積分的函數 f 以字母 F 表示。

若車子的速度、y 和時間 t 的關係，以右圖表達，＜速度＞×＜時間＞就是距離，右圖的斜線面積就是距離 F（t）。而在 T 時間後的距離是：

$$F(T) = \int_0^T f(t)dt \quad \cdots ①$$

當距離是 ΔF 時，只有經過少許的時間 Δt，如右圖，可以表示成下式：

$$f(t) = \frac{d}{dt} F(t) \quad \cdots ②$$

從①②，我們得知如右頁所示的微積分基本定理可以表示成這樣「**對積分的結果再做微分，就會得到原來的函數**」。

微分和積分的關係

微積分基本定理

$$f(x) = \frac{d}{dx}\int_0^x f(t)dt$$

積分

微分

將積分的結果再微分就會得到原來的函數

車的時間與速度之圖形

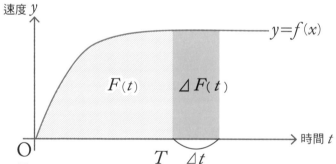

速度 y

$y=f(x)$

$F_{(t)}$

$\Delta F_{(t)}$

時間 t

O

T　Δt

將時間 T 的距離以積分表示

$$F(T) = \int_0^T f(t)dt \quad \cdots ①$$

只經過少許時間 Δt（$\Delta t \to 0$）時，此時前進的距離是 $\Delta F(t)$

$$\Delta F(t) = f(t) \times \Delta t$$

$$\Leftrightarrow \frac{d}{dt}F(t) = f(t) \xleftarrow{\quad 變數互換 \quad} f(x) = \frac{d}{dx}F(x) \quad \cdots ②$$

從①和②得知　$f(x) = \dfrac{d}{dx}\displaystyle\int_0^x f(t)dt$　會有這樣的結果

4-6 原始函數

微分 $f(x)$ 之後得到原始函數

如何在積分後求得原始函數

從微積分基本定理得知，將積分後的結果微分，就會得到原來的函數，光從這句話來看，我們還沒有對此反向關係做嚴謹的證明。其實，在高中課程裡，也省略了為什麼微分與積分能互為反向的操作（到了大學便有此證明）。因為我們尚須說明積分的原理和計算，所以本書先將此證明省略了。

現在，我們對前述的 $f(x)$ 做積分，並將結果表示成 $F(x)$，就像這樣：

$$\int f(x)dx = F(x) + C \qquad (F(x))' = f(x)$$

若微分 $F(x)$，所得的導函數會變成帶有原來函數意義的 $f(x)$，所以 $F(x)$ 稱為**原始函數**。

簡單、快速地書寫積分符號

我們很快地說明完了基本的公式和符號，現在，讓我們試著用積分的符號進行一次函數 $f(x) = 2x + 2$ 的積分吧。

$$F(x) = \int f(x)dx = \int (2x + 2)dx$$

將積分原始函數 $F(x)$ 變成基本公式：

$$\int x^n dx = \frac{1}{n+1} x^{n+1} + C \quad （C：積分常數）$$

再經過右頁的計算後，就會得到 $F(x) = x^2 + 2x + C$。

什麼是原始函數

原始函數

$F(x)$ 微分後，導函數成為 $f(x)$

$$\int f(x)dx = F(x) + C \qquad (F(x))' = f(x)$$

也就是　$F(x)$ 的導函數　$= f(x)$

　　　　　$f(x)$ 的原始函數　$= F(x)$

使用積分符號

積分的基本公式

$$\int x^n dx = \frac{1}{n+1}x^{n+1} + C \qquad （C：積分常數）$$

使用上述的公式，積分 $f(x) = 2x + 2$

$$F(x) = \int f(x)dx = \int (2x+2)dx$$

$$= \frac{2}{1+1}x^{1+1} + 2x + C$$

$$= x^2 + 2x + C$$

（C：積分常數）

積分常數與不定積分

如何表示積分產生的不確定因子

由圖形了解積分常數

將函數 $f(x) = x\text{-}1$ 積分後，我們用其他角度看看積分常數的意義吧！如果依照公式做積分，會有下式的結果：

$$\int f(x)dx = \frac{1}{2}x^2 - x + C$$

為什麼積分後會產生一個任意（任一數皆可）的常數？這是因為將積分常數做微分後便得到 0。所以，即使 $F(x)$ 是 $\frac{1}{2}x^2\text{-}x$、$\frac{1}{2}x^2\text{-}x\text{-}5$ 或 $\frac{1}{2}x^2\text{-}x+5$，微分後都會有相同的 $f(x)$。那麼微分後產生的導函數是什麼？當然就是各曲線的斜率。**無論原始函數尾端的常數是什麼，都不會對函數的斜率有任何影響。**

如果你實際將圖形畫出來之後就能很清楚地了解。如右圖，此斜線只在垂直方向上移動，在 x 方向上完全沒有偏移，所以不論 x 坐標是什麼，斜率都是相同的。

順帶一提，積分常數 C 沒有固定的符號，但一般都是用大寫的英文字母 C 表示，使用時，如右式，必須註明 C 是積分常數。

求原始函數還有一個不確定因素

目前為止，我們還不是很清楚怎麼積分出準確的面積。因為，**將函數積分後，求出含有積分常數 C 的函數，稱為不定積分**。有變數 x 與任意常數 C 所以無法確定函數的真實樣貌。

積分後所產生的常數

積分常數 C

積分後所產生的任意數

※ 因為積分常數 C 並沒有用固定的符號，使用時，必須註明 C 是積分常數

用圖形了解積分常數的意義

$$f(x) = x - 1$$

將它積分之後

$$F(x) = \frac{1}{2}x^2 - x + C$$

（ C：積分常數）

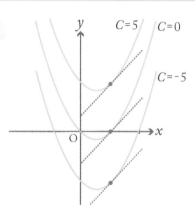

即使積分常數改變，圖形的斜率也不會改變

不定積分

不定積分

積分函數後，求出含有積分常數的函數

$$\int f(x)dx = x\text{的函數} + C$$

（ C：積分常數）

4-8 不定積分

得出這樣的結果有什麼用處？

由原始函數了解總和的變化趨勢

說到積分，就要說明求總和的計算方法。所謂**不定積分，就是可以求得總和變化的積分**。因為能得到原始函數，所以對於總和的分析非常有幫助，不過裡面還有個積分常數 C，這使積分後的值並不固定。函數的值會因為積分常數的不同而改變。

例如，一架飛機以等加速度 a 加速，在時間 x 秒時速度是 y，表示成 $y=ax$，飛行的距離可以表示成 $F(x) = \frac{1}{2}ax^2+C$。因為積分常數沒有確定的值，因此 x 秒後的值我們無法得知。但因為此為二次函數，我們能知道的是，飛行距離會隨著時間一起大幅地向上增加。

不定積分，似乎可以求得某段距離

接下來，我們只考慮第 t 秒的情況吧。當 $x=t$ 時，$F(t) = \frac{1}{2}at^2+C$。雖然好不容易地得到在第 t 秒時移動距離的函數，但仍然缺少積分常數的值，所以感覺不論求得什麼值都顯得沒有意義。如果是第 $t+1$（$x=t+1$）秒呢？如右頁下式，變成了 $F(t+1) = \frac{1}{2}at^2+at+\frac{1}{2}a+C$。因為我們並不知道 $c=1$ 還是 $c=100$，所以就算以此表示似乎沒有什麼用處。

稍稍想一想吧！$F(t)$ 和 $F(t+1)$，包含相同的 C，如果用 $F(t+1)-F(t)$，不就可以知道第 t 秒後 1 秒內的飛行距離了嗎？

不定積分的意義

不定積分

↓

求出原始函數

✗ 可以求得總和

➡ 因為含有積分常數
所以無法確定

○ 總和的變化趨勢

➡ 以函數表示

加速中飛機的飛行距離

x 秒時，速度 y 飛機的加速度如果
是固定數 a，則

$$f(x) = ax$$

如果是不定積分

$$F(x) = \frac{1}{2}ax^2 + C$$

因為能以二次函數表示距離，所以
增加幅度會變大

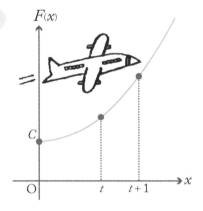

t 秒後

$$F(t) = \frac{1}{2}at^2 + C \longrightarrow$$

因為積分常數 C
是未知的，所以
積分後的結果沒
有意義。

$t+1$ 秒後

$$F(t+1) = \frac{1}{2}at^2 + at + \frac{1}{2}a + C \longrightarrow$$

因為 $F(t)$ 和 $F(t+1)$ 有相同的積分常數 C，
所以相減之後會變成什麼樣呢？

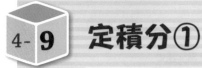

4-9 定積分①

求一定範圍內的總和

相減定積分的積分常數就可得固定值

以 $f(x)=ax$ 的積分來求 $F(t)=\frac{1}{2}at^2+C$ 與 $F(t+1)$ $=\frac{1}{2}at^2+at+\frac{1}{2}a+C$ 之 間 的 差，則 $F(t+1)-F(t)=$ $at+\frac{1}{2}a$ 有什麼用處呢？當然，積分常數可以被相消。如果我們將範圍以其他符號 a 和 b 表示，可以寫成 $F(b)-F$ (a)，這樣的算法稱為**定積分**，寫成下式：

$$\int_a^b f(x)dx = [F(x)+C]_a^b = F(b)-F(a)$$

因為彼此帶有相同的積分常數，所以可以相消，如此就可以得到從 **a 到 b** 的總和了。另外，因為積分常數最終會被相消，所以通常省略不寫。將任意兩值代入原始函數後相減，其實就相當於 x 軸與函數圖形 a 到 b 之間所圍成的面積。值得一提的是，我們再次省略了證明此公式的過程。有興趣的朋友們不妨自己找找看。

定積分的積分區間必須注意的事

含有原始函數和積分常數為不定積分，求 a 到 b 範圍內的總和是定積分。我們將範圍 a 到 b 稱為**積分區間**，即「從 a 到 b 做積分」。

雖然定積分就可以很自由地求出 a 到 b 之間的面積，但仍有一個條件。$f(x)$ 在 a 到 b 的區間中是連續的。也就是，如右下圖，函數圖形中間不可以有缺口。

定積分是什麼

> **定積分**　可以求得積分區間內的總和
> 此總和相當於積分區間內 x 軸與函數圖形所圍成的面積

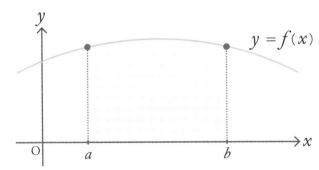

$$y = f(x)$$

如果將 $F(x)$ 當做 $f(x)$ 的原始函數

$$\int_a^b f(x)dx = [F(x) + C]_a^b$$

$$= F(b) + C - (F(a) + C) = F(b) - F(a)$$

積分區間

積分常數被相消

定積分的條件

$f(x)$ 在 a 到 b 的
區間中是連續的

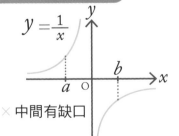

$$y = \frac{1}{x}$$

× 中間有缺口

4章

一定做得到！　快速輕易地了解積分

定積分②

以求面積的方法求總和

將定積分圖像化

定積分的結果如右圖，即是積分區間內 x 軸與函數圖形所圍成的斜線部分之面積。

舉例來說，對於 $y=x$，積分 $1 \leqq x \leqq 3$ 範圍吧。如右頁的計算過程，得下式：

$$\int_1^3 xdx = \left[\frac{1}{2}x^2\right]_1^3 = 4$$

這是個單純的梯形面積，也可以用底邊是 3 的三角形面積減去底邊是 1 的三角形面積求得，$3 \times 3 \div 2 - 1 \times 1 \div 2 = 4$，會有相同的答案。

定積分最厲害的地方，是它可以求像二次函數曲線所圍成的面積。例如，積分 $y=x^2$ 的 $1 \leqq x \leqq 3$，如右式，便得 $\int_1^3 x^2 dx = \frac{26}{3}$。須要很辛苦地加總細微分割的面積，其實也只能得到接近正確面積的答案，**一旦用函數表示，即使透過這樣單純的計算方式也可以得到正確的面積。**

那個被相消的積分常數是什麼

被相減而消失的積分常數要用什麼圖形表示呢？因為積分常數不論什麼值都可以，無法用明確的方式表達。但是，一旦變成以兩個面積相減，右頁正中央的圖就變成了相同大小的面積，這樣更容易理解了吧？相同的兩者相減後消失是理所當然的啦。

用定積分來求面積

4章
一定做得到！ 快速輕易地了解積分

$y=x$ 的定積分

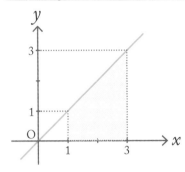

積分範圍 1 至 3

$$\int_1^3 x\,dx = \left[\frac{1}{2}x^2\right]_1^3$$

$$= \frac{1}{2} \times 3^2 - \frac{1}{2} \times 1^2$$

$$= \frac{9}{2} - \frac{1}{2} = \underline{4}$$

積分常數跑去哪兒了

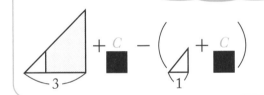

想像成是固定面積 C，再用減法相消會比較容易想像。

$y=x^2$ 的定積分

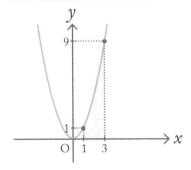

積分範圍 1 至 3

$$\int_1^3 x^2\,dx = \left[\frac{1}{3}x^3\right]_1^3$$

$$= \frac{1}{3} \times 3^3 - \frac{1}{3} \times 1^3$$

$$= 9 - \frac{1}{3} = \underline{\frac{26}{3}}$$

可以求得被曲線所圍成的真正面積

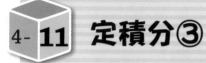

4-11 定積分③

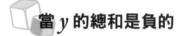

定積分≠面積時

當 y 的總和是負的

定積分可以求得積分區間內 x 軸和函數圖形所圍成的面積。但，如果 y 值是負的呢？如果將常數函數從 0 到 4 做積分，會得到下式：

$$\int_0^4 (-2)dx = [-2x]_0^4 = -8$$

這不是面積嗎？怎麼會出現負值？讓我們再次仔細地說明，「求積分區間內的總和 y」就是定積分。那麼，某區間內的 y 值可能是負的也就很正常了。

所以，「定積分＝面積」並非正確的，只有當積分區間內 y 值恆正時，總和才相當於 x 軸和函數圖形所圍成的面積。

例如，將一次函數從 -1 到 1 做定積分，結果如下式：

$$\int_{-1}^1 xdx = \left[\frac{1}{2}x^2\right]_{-1}^1 = 0$$

當 $x = 0$ 時，y 由負轉正，因此正負相消。而總和便為 0。

積分區間中出現負值 y 時，須分開計算

如果想要知道 x 軸和函數所圍成的面積，重點就在積分區間上，**當 y 值為負時，便再乘上負號即可負負得正，所以正負範圍必須分開計算。**

定積分就是求總和

若對負值的 y 範圍做積分

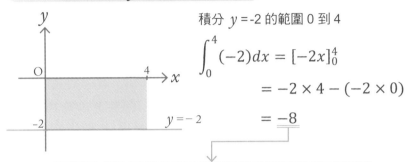

積分 $y = -2$ 的範圍 0 到 4

$$\int_0^4 (-2)dx = [-2x]_0^4$$

$$= -2 \times 4 - (-2 \times 0)$$

$$= \underline{-8}$$

變成負值就不是面積了！

定積分 $\neq$ 面積

$=$

y 的總和 $\doteqdot$ 若積分區間內 $y \geqq 0$，x 軸
和函數所圍成的就是面積

當正、負的 y 值皆存在時

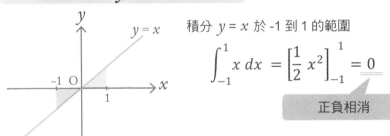

積分 $y = x$ 於 -1 到 1 的範圍

$$\int_{-1}^1 x \, dx = \left[\frac{1}{2} x^2\right]_{-1}^1 = \underline{0}$$

正負相消

想要求面積時，y 值的正負範圍必須分開計算

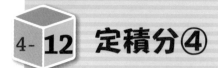
定積分④

用定積分求面積

注意函數的正負號

我們在前章節說明，如果想要求取面積，就必須知道 y 的負值範圍，再分開計算。負值範圍的 y，應乘上負號，將負值轉為正值。在 -1 到 1 的範圍中，求 $y=x$ 與 x 軸所圍成的面積，因為 $x<0$ 所以 $y<0$，計算結果如下：

$$\int_{-1}^{1} |x| dx = \int_{0}^{1} x dx + \int_{-1}^{0} (-x) dx = 1$$

| |是**絕對值**，能消除| |裡面的負值。**如果將此概念用圖形表現，便如右圖，負值範圍的 y 以 x 軸為基準，向上做對折。**

此時須分成三個部份計算

想要求得 $x=$-1 到 3 的範圍，被二次函數 $y=-x^2+2x$ 和 x 軸所包圍的面積，就必須在做積分之前了解函數的正負號變化。

先因式分解 $y=-x^2+2x$ 的負值範圍，因為 $y=-x（x-2）$，如右圖，$x<0$ 或 $x>2$ 的範圍內，有 $y<0$ 的結果。

$$\int_{-1}^{0} -(-x^2+2x)dx + \int_{0}^{2} (-x^2+2x)dx + \int_{2}^{3} -(-x^2+2x)dx$$

所以必須分成三個部份來做定積分。各自的計算方式如右圖，結果如下式：

$$\int_{-1}^{3} |-x^2+2x| \, dx = 4$$

求被函數圍住的面積

被一次函數所圍住的面積

在 -1 到 1 的範圍內，求被 **y=x** 和 x 軸圍住的面積

在積分區間內，向上對折 y 的負值範圍

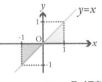

絕對值　　　　**乘上負號**

$$\int_{-1}^{1} |x| dx = \int_{0}^{1} x dx + \int_{-1}^{0} (-x) dx = \frac{1}{2} + \frac{1}{2} = 1$$

> 當想要求被函數和 x 軸所圍成的面積時，必須將積分區間內，y 的負值範圍乘上一個負號。

取絕對值

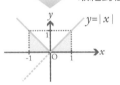

被二次函數所圍住的面積

求在 -1 到 3 的積分區間中，被 **y=-x²+2x** 和 x 軸所圍住的面積

為了求和 x 軸的交點，而做因式分解

$$y = -x(x-2)$$

因為在 $x<0$ 或 $x>2$ 的範圍內，且 $y<0$，
所以必須分成三部分計算

$$\int_{-1}^{3} |-x^2 + 2x| \, dx$$

$$= \int_{-1}^{0} -(-x^2 + 2x) dx + \int_{0}^{2} (-x^2 + 2x) dx$$

$$+ \int_{2}^{3} -(-x^2 + 2x) dx$$

取絕對值

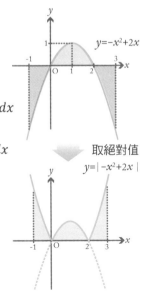

$$= [-F(x)]_{-1}^{0} + [F(x)]_{0}^{2} + [-F(x)]_{2}^{3}$$

$$= -2F(0) + F(-1) + 2F(2) - F(3)$$

$$F(x) = -\frac{1}{3}x^3 + x^2$$

$$= \frac{1}{3} + 1 - \frac{16}{3} + 8 + 9 - 9 = \underline{4}$$

函數的性質

簡單地求取面積的技巧

利用函數的性質熟練地做定積分

將函數的負值範圍乘上負號後，再加總，好像有點麻煩。我們應該能利用函數的性質，更簡單地求出答案。一次函數或三次函數都是以某個點為基準，有點對稱的特性，特別像是 $y = x$ 或 $y = x^3$ 的**奇函數**。這些將原點當成是點對稱中心的函數，適用於以下的法則

$$\int_{-a}^{a} x\,dx = 0 \qquad \int_{-a}^{a} |x|\,dx = 2\int_{0}^{a} x\,dx$$

奇函數的條件可以表示成 $f(x) = -f(-x)$。雖然很難用言語表達，但如果用圖形就能一目了然。

除此之外，像是 $y = x^2$ 則為**偶函數**，其以 y 軸為對稱軸（左右對稱）。若利用這個性質。則：

$$\int_{-a}^{a} x^2\,dx = 2\int_{0}^{a} x^2\,dx$$

偶函數的條件是 $f(x) = f(-x)$。

如果我們將這個特性用到前面解過的題目，就可以用下式簡單地完成計算：

$$\int_{-1}^{1} |x|\,dx = 2\int_{0}^{1} x\,dx$$

$$\int_{-1}^{3} |-x^2 + 2x|\,dx = 2\left\{ \int_{1}^{2} (-x^2 + 2x)\,dx + \int_{2}^{3} -(-x^2 + 2x)\,dx \right\}$$

雖然後者不是偶函數，也可以利用以頂點當成邊界的線對稱，讓計算更簡單。

奇函數和偶函數

奇函數

將原點當作點對稱的函數，以 $y=0$ 為邊界讓的正、負反轉

$f(x)=-f(-x)$

$$\int_{-a}^{a} x\, dx = 0 \qquad \int_{-a}^{a} |x|\, dx = 2\int_{0}^{a} x\, dx$$

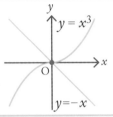

偶函數

將 y 軸當作對稱軸的函數，圖形是左右對稱的

$f(x)=-f(-x)$

$$\int_{-a}^{a} x^2\, dx = 2\int_{0}^{a} x^2\, dx$$

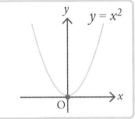

如果利用函數的性質，計算就會變得簡單

$y=x$ 時

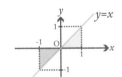

因為是奇函數　×2　所以可以視為

$$\int_{-1}^{1} |x|\, dx = 2\int_{0}^{1} x\, dx$$

$y=-x^2+2x$ 時

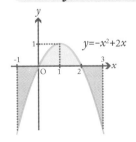

因為是偶函數　×2　所以可以視為

$$\int_{-1}^{3} |-x^2 + 2x|\, dx$$

$$= 2\left\{ \int_{1}^{2} (-x^2 + 2x)\, dx + \int_{2}^{3} -(-x^2 + 2x)\, dx \right\}$$

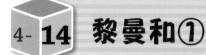
回顧並釐清厲害的積分

加總被細分的長方形求面積

我們知道使用定積分，可以求得被曲線所圍成的面積。但是，這樣以微分反算的單純解法，對您來說可能不會有什麼太大的感受。如同第一章敘述過的，這可是從古時候開始花了很多時間去追求的終極加法，將無窮小的面積加總起來的終極加法。

我們在這裡用 **黎曼和**，實際感覺一下積分的威力吧。

想想看如果不使用積分，在 0 到 1 的範圍中，求以 $y=x^2$ 和 x 軸所圍成的面積。積分，被發展成加總分割得無窮小的四邊形。所以，**將 $0 \leqq x \leqq 1$ 的範圍分成 n 等分，再加總起來這些等分為 n 個底邊的長方形，會得到很接近真實的面積。**

我們可以將長方形的長度分成兩類。長方形左上角對齊曲線的長度當作 l，長方形右上角對齊曲線的長度當作 r。$y=x^2$ 時，因為前者的長度比較短，將和左上角與曲線相交的長方形面積各自當作 L_1、L_2、…、L_n，這些面積的總和以 L 表示。同樣地，將和右下角與曲線相交的長方形面積各自當作 R_1、R_2、…、R_n，這些面積的總和以 R 表示。如 $L_1 = \frac{1}{n} \times f(0)$、$L_2 = \frac{1}{n} \times f\left(\frac{1}{n}\right)$ 將各自的面積加總，能表示如下：

$$L = \frac{1}{n}\left\{ f(0) + f\left(\frac{1}{n}\right) + \cdots + f\left(\frac{n-1}{n}\right) \right\} \quad R = \frac{1}{n}\left\{ f\left(\frac{1}{n}\right) + f\left(\frac{2}{n}\right) + \cdots + f\left(\frac{n}{n}\right) \right\}$$

如右圖，被曲線所圍成的面積是 S，則 $L < S < R$。

積分的威力①

為什麼計算很簡單但意思很難理解

積分就是求出曲線所圍出面積的終極加法

我們先想像曲線圍住的面積

曲線所圍住的面積

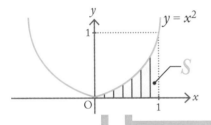

從 0 到 1 的範圍中，$y = x^2$ 和 x 軸所圍成的面積 S，以被切割成細長的長方形加總求得。

以左上角對齊於曲線的 n 次分割

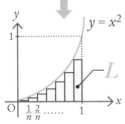

$$L = \frac{1}{n}\left\{ f(0) + f\left(\frac{1}{n}\right) + ... + f\left(\frac{n-1}{n}\right) \right\}$$

以右上角對齊於曲線的 n 次分割

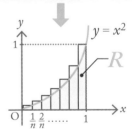

$$R = \frac{1}{n}\left\{ f\left(\frac{1}{n}\right) + f\left(\frac{2}{n}\right) + ... + f\left(\frac{n}{n}\right) \right\}$$

$$\boxed{Ln} < \boxed{Sn} < \boxed{Rn}$$ 得知 $\underline{L < S < R}$

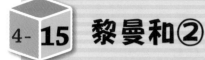

求曲線所圍面積的終極加法

切割得再怎麼細小的加法也無法求得正確面積

積分登場之前，為了求得被曲線所圍成的面積，用 L 和 R 細微分割後再加總曲線面積範圍的方法是很常見的。若愈分愈細，n 變得愈來愈大的時候，L 和 R 應該會愈來愈靠近真實的面積。試著用 $n=10$，也就是切割成 10 段看看。不論是將縱軸長度直接代入後再加總，或者是直接相加，都是一件很辛苦的事。如果各自以右頁方式計算，就得到 $L=0.285$，$R=0.385$。取兩者的平均數，還是可以得到 $\frac{L+R}{2}=0.335$ 的結果吧？

接著，用 $n=1000$ 試試看吧，我們可以得到 $L=0.3328335$，$R=0.338335$（因為是無理數，所以有部分小數被省略）。得到 $\frac{L+R}{2}=0.3333335$ 的結果。**我們已經將短邊切割成 1000，雖然只有一點點，但還是會出現誤差。**

對 $y=x^2$ 積分的話，就可以如下式很輕鬆地解決問題：

$$S = \int_0^1 x^2 dx = \left[\frac{1}{3}x^3\right]_0^1 = \frac{1}{3}$$

像這樣分割成無窮的區間，在求面積或體積的方法稱為**區分求積法**。以極限表示分割成無窮區塊的 L 和 R，如下式：

$$L = \lim_{n\to\infty} \frac{1}{n}\left\{f(0) + f\left(\frac{1}{n}\right) + \cdots + f\left(\frac{n-1}{n}\right)\right\}$$

$$R = \lim_{n\to\infty} \frac{1}{n}\left\{f\left(\frac{1}{n}\right) + f\left(\frac{2}{n}\right) + \cdots + f\left(\frac{n}{n}\right)\right\}$$

此時的結果和 $\int_0^1 x^2 dx$ 相同。

積分的威力②

分割成 10 個區塊

因為 $n = 10$

$$L = \frac{1}{10}\left\{ f(0) + f\left(\frac{1}{10}\right) + \cdots + f\left(\frac{9}{10}\right)\right\}$$

$$= 0.1\{0 + 0.01 + 0.04 + 0.09 + 0.16 + 0.25$$
$$+ 0.36 + 0.49 + 0.64 + 0.81\}$$

$$= 0.1 \times 2.85 = \underline{0.285}$$

$$R = \frac{1}{10}\left\{ f\left(\frac{1}{10}\right) + f\left(\frac{2}{10}\right) + \cdots + f\left(\frac{10}{10}\right)\right\}$$

$$= 0.1\{0.01 + 0.04 + 0.09 + 0.16 + 0.25 + 0.36$$
$$+ 0.49 + 0.64 + 0.81 + 1\}$$

$$= 0.1 \times 3.85 = \underline{0.385}$$

$$\frac{L + R}{2} = \underline{0.335} \longleftarrow$$

分割成 1000 個區塊

因為 $n = 1000$

計算過程省略　　超大量的計算！

$$L = \underline{0.3328335} \text{、} R = \underline{0.3338335}$$

$$\frac{L + R}{2} = \underline{0.3333335} \longleftarrow$$

有誤差

以定積分計算

正確的面積

$$S = \int_0^1 x^2 dx = \left[\frac{1}{3} x^3\right]_0^1 = \frac{1}{3} \times 1^3 - 0 = \frac{1}{3} = 0.33333333\cdots$$

即使經過很辛苦的超大量計算還是會有偏誤

函數所圍住的面積①

求得由曲線所圍成的面積

如果有 x 範圍、y 的函數就可以求得面積

試著求求看被曲線和曲線所圍住的面積。被 $f(x)=x^2$ 和 $g(x)=-x^2+2x+4$ 所圍住的面積，因為不論縱軸和橫軸方向上的都是曲線，有點感到害怕了吧？這樣形狀的面積也可以算出來嗎？當然也可以，如果好好運用定積分，當然可以得到正確的答案。

$f(x)$ 的圖形很簡單，另外，也可以對 $g(x)$ 微分取 0，得到頂點（1,5），如右圖。描繪出函數的大致圖形。

接著，求積分區間內兩函數的交點。解 $f(x)$ 和 $g(x)$ 的聯立方程式，可以得知兩者在 $x=-1,2$ 交會。在面積 S 的範圍 $-1 \leq x \leq 2$ 內，$g(x)$ 的位置比 $f(x)$ 上面。若將面積 S 的 y 軸方向長度以 $h(x)$ 表示，例如 $h(0)$ 可用 $g(0)-f(0)$ 表示。因此，$h(x)$ 即是兩函數相減法，如下式：

$$h(x) = g(x) - f(x) = -2x^2 + 2x + 4$$

因為我們知道面積 S 的 x 範圍和 y 方向上的函數，所以可以用定積分求得面積。

對 $h(x)$ 做 -1 到 2 的積分，得下式：

$$S = \int_{-1}^{2} h(x)dx = \int_{-1}^{2} (-2x^2 + 2x + 4)\, dx$$

如右頁計算後，就會得到 $S=9$。雖然計算相當麻煩，但我們會在下章介紹一個更簡單的技巧。

二次函數圍成的面積

題目 求被下列兩曲線所圍成的面積 S

$$f(x) = x^2$$
$$g(x) = -x^2 + 2x + 4$$

1 圖形的描繪

因為 $g'(x) = -2x + 2$
$x = 1$ 時 $g'(1) = 0$，又 $g(1) = 5$
所以 $g(x)$ 的頂點是（1,5）

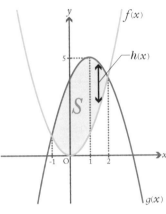

4章 一定做得到！ 快速輕易地了解積分

2 求取交點

解 $f(x) = g(x)$ 的交點
$$x^2 = -x^2 + 2x + 4 \Leftrightarrow x^2 - x - 2 = 0$$
$$\Leftrightarrow (x+1)(x-2) = 0$$

所以會在 $x = -1, 2$ 交會

3 求 y 方向的長度

如果將 $h(x)$ 當作 y 方向的長度，依據圖
形，在 $-1 \leqq x \leqq 2$ 的範圍中 $f(x) \leqq g(x)$

$$h(x) = g(x) - f(x) = -x^2 + 2x + 4 - x^2$$
$$= -2x^2 + 2x + 4$$

4 定積分

因為知道面積 S 的 x 範圍和 y 方向上的長度函數

$$\int_{-1}^{2} h(x)dx = \int_{-1}^{2} (-2x^2 + 2x + 4)dx = \left[-\frac{2}{3}x^3 + x^2 + 4x \right]_{-1}^{2}$$

$$= \left(-\frac{16}{3} + 4 + 8 \right) - \left(\frac{2}{3} + 1 - 4 \right) = \underline{9}$$

函數所圍住的面積②

自由自在地求函數圖形上任何區塊的面積

定積分的積分技巧

做定積分時，會有這樣的計算技巧：

$$\int_{\alpha}^{\beta} (x-\alpha)(x-\beta)\,dx = -\frac{1}{6}(\beta-\alpha)^3$$

將二次函數因式分解，對 x 在 α 和 β 的範圍做積分時，會得到如上的公式。這也可以用於上一章節的問題，此公式能快速、愉快地將解出答案。

求直線和曲線所圍成的面積

試著求被直線 $f(x)=x+4$ 和曲線 $g(x)=-x^2-4x$ 所圍成的面積 S_1，以及被 y 軸和 $f(x)$、$g(x)$ 所圍成的面積 S_2。先將 $g(x)$ 微分，會得到頂點（-2,4）。接著解出 $f(x)=g(x)$ 的交點，便可以知道兩函數在 $x=-4,-1$ 時會相交。如右圖，S_1 在 -4 $\leq$ x $\leq$ -1 的範圍中會有 $f(x) \leq g(x)$ 的結果，所以可以將 S_1 的 y 方向長度以 $g(x)-f(x)$ 表示。如下式：

$$S_1 = \int_{-4}^{-1} \{g(x)-f(x)\}dx$$

是不是可以計算得很愉快呀？

y 軸和 $f(x)$、$g(x)$ 所圍成的面積 S_2，如右圖，我們可以知道在 -1 $\leq$ x $\leq$ 0，$f(x) \geq g(x)$，如下式：

$$S_2 = \int_{-1}^{0} \{f(x)-g(x)\}dx$$

S_1 和 S_2 各自的解法見右頁。

被函數圍住的面積

二次函數的積分公式

$$\int_{\alpha}^{\beta} (x-\alpha)(x-\beta)\, dx = -\frac{1}{6}(\beta-\alpha)^3$$

※ 展開之後便可以知道是相等的

題目 求被 $f(x)$ 和 $g(x)$ 所圍成的面積 S_1，以及 $f(x)$、$g(x)$ 和 y 軸所圍成的面積 S_2

$$f(x) = x + 4 \qquad g(x) = -x^2 - 4x$$

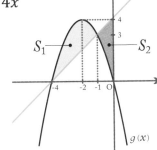

1 圖形的描繪

因為 $g'(x) = -2x-4$

$x=-2$ 時，$g'(-2)=0$，又 $g(-2)=4$

所以 $g(x)$ 的頂點是 $(-2, 4)$

2 求交點

解 $f(x) = g(x)$ 的交點

$x + 4 = -x^2 + 4x \Leftrightarrow x^2 + 5x + 4 = 0 \Leftrightarrow (x+1)(x+4) = 0$

因此在 $x=-1, -4$ 相交

3 求 y 方向的長度

根據圖形 S_1 在 $-4 \leqq x \leqq -1$ 時 $f(x) \leqq g(x)$

S_2 在 $-1 \leqq x \leqq 0$ 時 $f(x) \geqq g(x)$

4 定積分

$$S_1 = \int_{-4}^{-1} \{g(x) - f(x)\}\, dx = \int_{-4}^{-1} (-x^2 - 5x - 4)\, dx = -\int_{-4}^{-1} (x+1)(x+4)\, dx$$

二次函數的積分公式 $= \dfrac{1}{6}(-1+4)^3 = \dfrac{9}{2}$

$$S_2 = \int_{-1}^{0} \{f(x) - g(x)\}\, dx = \int_{-1}^{0} (x^2 + 5x + 4)\, dx = \left[\frac{1}{3}x^3 + \frac{5}{2}x^2 + 4x\right]_{-1}^{0}$$

$$= -\left(-\frac{1}{3} + \frac{5}{2} - 4\right) = \frac{11}{6}$$

4-18 求體積

將面積重疊就可以得到體積

知道截面積就可以知道體積

積分不只能用來求面積。只要知道 x 的範圍，又有 y 函數，任何相乘後有意義的總和都可以用定積分求解。

有一個相當奇特的曲形，截面積並不是一個完美的圓，但長度為 10 的金太郎糖果範圍內，不論何處截面積都是 8，請求體積 V_1。

在這樣情況下，我們將長度設為 x 的方向，若要求截面積不斷重疊的體積，則如下式：

$$V_1 = \int_0^{10} 8 \, dx = [8x]_0^{10} = 80$$

即使不套入 <縱軸長> × <橫軸長> × <高度> 之類的公式，在知道截面積的條件下，都可以使用定積分求得體積。

想要求一個未知形狀的體積 V_2。因為其中一個方向的長度是 5，所以我們設一端方向的長度為 x，對長度垂直的截面積 S，即 $3x^2 + 10$。

考慮在長度上重疊的截面積後，得下式：

$$V_2 = \int_0^5 (3x^2 + 10)dx = [x^3 + 10x]_0^5 = 175$$

將體積的長度以 x 表示，與截面積搭配成為函數，便可用定積分簡單求得體積。

還有其他比較特殊的體積求法，我們會在第五章說明。

以截面積來求體積

求金太郎糖果的體積 V_1

截面積怎麼切都是 8

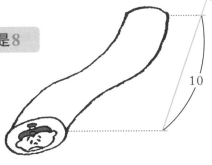

因為截面積是 8，將長度的方向設為 x，
求不斷重疊截面積的體積

$$V_1 = \int_0^{10} 8 \, dx = [8x]_0^{10} = 80 - 0 = \underline{80}$$

不知道截面積的物體體積是 V_2

?

長度 x 的截面積
是 $3x^2+10$

$\xrightarrow{\quad\quad} x$　在長度方向上不斷重疊截面積

$$V_2 = \int_0^5 (3x^2 + 10)dx = [x^3 + 10x]_0^5$$

$$= 125 + 50 - 0 = \underline{175}$$

**將垂直方向的截面積用函數表示，
就可以用定積分很快地求得答案。**

積分的總結

推導出總和的步驟

求總和變化的不定積分和求值的定積分

我們將目前為止的步驟匯集一下吧。積分當中有分成定積分和不定積分。

所謂的**不定積分**，是用像這樣 $\int f(x)\,dx$ 的符號表示用 x 對函數 $f(x)$ 積分的意思。其中的 dx 在微分中也出現過，是 x 無窮小的意思，因為微分和積分有反向的關係。所以積分就是反運算微分的基本公式，如下式：

$$\int x^n dx = F(x) + C = \frac{1}{n+1}x^{n+1} + C \quad （C: 積分常數）$$

$f(x)$ 積分後會得到**原始函數** $F(x)$。而**積分常數** C 是不定積分後所產生的任意常數。不論什麼樣的常數，在微分後，因為都會得到 0，所以從微分的反運算來看，會產生不確定的任意常數。雖然**不定積分從名字上來看，所得到的總和是不穩定的數值，但我們可以將此函數當做趨勢，用於分析。**

定積分的使用場合是確定**積分區間**後。

$$\int_a^b f(x)dx = [F(x)+C]_a^b = F(b)+C-(F(a)+C) = F(b)-F(a)$$

如上式，相消積分常數後就可以求得總和。總和與被 x 軸和函數所圍成的面積是相當的。但，若要求純粹的面積，則必須將分離出 y 的負值，再乘上負號。

定積分中，若 x 的積分區間和 y 函數是固定的，則不論是曲線所圍成的面積或體積，定積分都是可以很輕易求得解答的終極加法。

什麼是不定積分

 不定積分

所得結果含有積分常數
➡能知道總和變化的趨勢

原始函數　　積分常數

$$\int x^n \, dx = F(x) + C = \frac{1}{n+1}x^{n+1} + C$$

積分的基本公式是微分的反運算

定積分是什麼

 定積分

可以求得在積分區間內總和的值
➡可以求得被曲線所圍成的面積

$$\int_a^b f(x)dx = [F(x) + C]_a^b$$
$$= F(b) + C - (F(a) + C) = F(b) - F(a)$$

積分常數被相消

所謂的總和相當於積分區間內被函數和 x 軸所圍成的面積

 **y 落在負值範圍**

　　　求面積時，必須先將落在負值範圍
的 y 變成正號後，再加總

對下列函數積分

① $y = 10x^4 - 2x^2 + \dfrac{1}{x^2}$

② $y = 2x^3 + x - \sqrt{x}$

解答①

$$\dfrac{1}{x} = x^{-1}$$

$$\int y \, dx = \int \left(10x^4 - 2x^2 + \dfrac{1}{x^2} \right) dx = \int (10x^4 - 2x^2 + x^{-2}) \, dx$$

$$= \dfrac{10}{4+1} x^{4+1} - \dfrac{2}{2+1} x^{2+1} + \dfrac{1}{-2+1} \times x^{-2+1} + C$$

$$= 2x^5 - \dfrac{2}{3} x^3 - x^{-1} + C = 2x^5 - \dfrac{2}{3} x^3 - \dfrac{1}{x} + C$$

（ C：積分常數）

解答②

$$\sqrt{x} = x^{\frac{1}{2}}$$

$$\int y \, dx = \int (2x^3 + x - \sqrt{x}) \, dx = \int \left(2x^3 + x - x^{\frac{1}{2}} \right) dx$$

$$= \dfrac{2}{3+1} x^{3+1} + \dfrac{1}{1+1} x^{1+1} - \dfrac{1}{\frac{1}{2}+1} x^{\frac{1}{2}+1} + C$$

$$= \dfrac{1}{2} x^4 + \dfrac{1}{2} x^2 - \dfrac{2}{3} x\sqrt{x} + C$$

（ C：積分常數）

對下列函數，以範圍 1 到 2 做積分

❶ $y = x^4 + 3x^2 - 10$

❷ $y = 2x^3 - 3x^2 - \dfrac{3}{\sqrt{x}}$

解答①

$$\int_1^2 y\,dx = \int_1^2 (x^4 + 3x^2 - 10)\,dx$$

$$= \left[\frac{1}{4+1}x^{4+1} + \frac{3}{2+1}x^{2+1} - 10x\right]_1^2 = \left[\frac{1}{5}x^5 + x^3 - 10x\right]_1^2$$

$$= \frac{1}{5} \times 2^5 + 2^3 - 10 \times 2 - \frac{1}{5} \times 1^5 - 1^3 + 10 \times 1$$

$$= \frac{1}{5} \times 32 + 8 - 20 - \frac{1}{5} - 1 + 10 = \frac{16}{5}$$

解答②

$$\int_1^2 y\,dx = \int_1^2 \left(2x^3 - 3x^2 - \frac{3}{\sqrt{x}}\right) dx = \int_1^2 \left(2x^3 - 3x^2 - 3x^{-\frac{1}{2}}\right) dx$$

$$= \left[\frac{2}{3+1}x^{3+1} - \frac{3}{2+1}x^{2+1} - \frac{3}{-\frac{1}{2}+1}x^{-\frac{1}{2}+1}\right]_1^2$$

$$= \left[\frac{1}{2}x^4 - x^3 - 6x^{\frac{1}{2}}\right]_1^2$$

$$= \frac{1}{2} \times 2^4 - 2^3 - 6 \times 2^{\frac{1}{2}} - \frac{1}{2} \times 1^4 + 1^3 + 6 \times 1^{\frac{1}{2}}$$

$$= 8 - 8 - 6\sqrt{2} - \frac{1}{2} + 1 + 6 = \frac{13}{2} - 6\sqrt{2}$$

題目

函數 $f(x)$ 通過（1,-2），且 $f'(x) = 4x-8$

❶ 求函數 $f(x)$ 之方程式和圖形

❷ 求被函數 $f(x)$ 和 x 軸所圍成的面積

解答①

● 對導函數 $f'(x)$ 做積分

$$f(x) = \int f'(x)\, dx = \int (4x - 8)\, dx$$

$$= \frac{4}{2}x^2 - 8x + C$$

$$= 2x^2 - 8x + C \quad （C：積分常數）$$

● 求取積分常數 C

因為函數 $f(x)$ 通過（1,-2）

$$f(1) = 2 \times 1^2 - 8 \times 1 + C = -2$$

$$\Leftrightarrow 2 - 8 + C = -2 \Leftrightarrow C = 4$$

因此 $\underline{f(x) = 2x^2 - 8x + 4}$

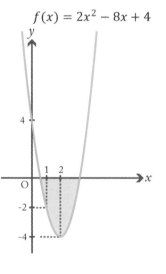

$f(x) = 2x^2 - 8x + 4$

● 求取 $f(x)$ 的頂點

$$f'(x) = 4x - 8 = 0 \Leftrightarrow x = 2$$

$$f(2) = 2 \times 2^2 - 8 \times 2 + 4 = -4$$

因此，$f(x)$ 的頂點是（2,-4）

又因為 x^2 的係數大於 0 所以圖形是 <u>開口向上</u>

● 求 $f(x)$ 和 x 軸的交點

$$0 = 2x^2 - 8x + 4$$

$$\Leftrightarrow \quad x^2 - 4x + 2 = 0$$

根據 $\quad x = \dfrac{-b \pm \sqrt{b^2 - 4ac}}{2a}$

$$x = \dfrac{-1 \times (-4) \pm \sqrt{(-4)^2 - 4 \times 1 \times 2}}{2 \times 1}$$

$$= \dfrac{4 \pm \sqrt{8}}{2} = \underline{2 \pm \sqrt{2}}$$

● 求面積

依照圖形，在 $2 - \sqrt{2} \leqq x \leqq 2 + \sqrt{2}$ 時，$f(x) \leqq 0$

$$\int_{2-\sqrt{2}}^{2+\sqrt{2}} -f(x)\, dx = \int_{2-\sqrt{2}}^{2+\sqrt{2}} -(2x^2 - 8x + 4)\, dx$$

$$= -2 \times \int_{2-\sqrt{2}}^{2+\sqrt{2}} (x - 2 - \sqrt{2})(x - 2 + \sqrt{2})\, dx$$

根據 $\quad \displaystyle\int_{\alpha}^{\beta} (x - \alpha)(x - \beta)\, dx = -\dfrac{1}{6}(\beta - \alpha)^3$

$$= -2 \times \left(-\dfrac{1}{6}\right) \times \left(2 + \sqrt{2} - 2 + \sqrt{2}\right)^3$$

$$= \dfrac{2}{6}\left(2\sqrt{2}\right)^3 = \underline{\dfrac{16}{3}\sqrt{2}}$$

題目

下列兩個二次函數分別為 $f(x)$ 和 $g(x)$

$$f(x) = \frac{4}{3}x^2 - \frac{16}{3} \qquad g(x) = -2x^2 - 2x$$

❶ 試繪兩函數的圖形

❷ 在 $x \geqq 0$ 的範圍中，求被 $f(x)$、$g(x)$ 和 x 軸所圍成的面積 S

解答①

● $f(x) = \frac{4}{3}x^2 - \frac{16}{3}$ **微分後求頂點坐標**

$$f'(x) = \frac{8}{3}x = 0 \Leftrightarrow x = 0$$

$$f(0) = -\frac{16}{3}$$

因此，$f(x)$ 的頂點為 $\left(0, -\frac{16}{3}\right)$，

又 $f(x)$ 的 x^2 係數為正，所以圖形開口向上

● $g(x) = -2x^2 - 2x$ **微分後求頂點坐標**

$$g'(x) = -4x - 2 = 0 \Leftrightarrow x = -\frac{1}{2}$$

$$g\left(-\frac{1}{2}\right) = -2\left(-\frac{1}{2}\right)^2 - 2 \times \left(-\frac{1}{2}\right) = -\frac{1}{2} + 1 = \frac{1}{2}$$

因此，$g(x)$ 的頂點是（$-\dfrac{1}{2}$, $\dfrac{1}{2}$）

且 $g(x)$ 的 x^2 係數是負的，
所以圖形開口向下

又 $g(x)$ 沒有常數項，所以
通過（0,0）

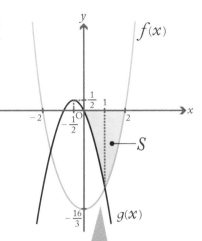

因 $x \geqq 0$，所以 S 被 $f(x)$、$g(x)$ 和 x 軸所圍成

解答②

面積 S 是著色的部分

$$S = S_1 - S_2$$

❶求 S_1 的面積

求 $f(x)$ 和 x 軸相交的點

$$0 = \frac{4}{3}x^2 - \frac{16}{3} \Leftrightarrow 0 = x^2 - 4$$

$$\Leftrightarrow 0 = (x-2)(x+2)$$

所以 $f(x)$ 在 $x = \pm 2$ 時，和 x 軸相交

$$S_1 = \int_0^2 -f(x)\,dx = -\int_0^2 \left(\frac{4}{3}x^2 - \frac{16}{3}\right)dx$$

$$= -\left[\frac{4}{3 \times 3}x^3 - \frac{16}{3}x\right]_0^2 = -\frac{4}{9} \times 2^3 + \frac{16}{3} \times 2 + 0$$

$$= -\frac{32}{9} + \frac{32}{3} = \frac{64}{9}$$

❷求 S_2 的面積

求 $f(x)$ 和 $g(x)$ 的交點

$$\frac{4}{3}x^2 - \frac{16}{3} = -2x^2 - 2x$$

$$\Leftrightarrow 6x^2 + 4x^2 + 6x - 16 = 0 \Leftrightarrow 5x^2 + 3x - 8 = 0$$

根據 $\quad x = \dfrac{-b \pm \sqrt{b^2 - 4ac}}{2a}$

$$x = \frac{-3 \pm \sqrt{3^2 - 4 \times 5 \times (-8)}}{2 \times 5} = \frac{-3 \pm \sqrt{169}}{10} = \frac{-3 \pm 13}{10} = -\frac{8}{5}, 1$$

從圖形可知在 $0 < x < 1$，$f(x) < g(x)$

$$S_2 = \int_0^1 \{g(x) - f(x)\}\, dx$$

$$= \int_0^1 \left(-2x^2 - 2x - \frac{4}{3}x^2 + \frac{16}{3}\right) dx$$

$$= \int_0^1 \left(-\frac{10}{3}x^2 - 2x + \frac{16}{3}\right) dx$$

$$= \left[-\frac{10}{9}x^3 - x^2 + \frac{16}{3}x\right]_0^1$$

$$= -\frac{10}{9} \times 1^3 - 1^2 + \frac{16}{3} \times 1 - 0$$

$$= -\frac{10}{9} - 1 + \frac{16}{3} = \frac{29}{9}$$

根據 $S = S_1 - S_2$

$$S = \frac{64}{9} - \frac{29}{9} = \frac{35}{9}$$

求取長度 10 與垂直截面積 $S(x)$ 的體積 V，如下圖。

$$S(x) = 3x^2$$

解答

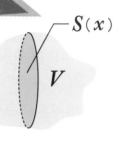

積分 x 範圍為 0 到 10 的截面積

$$V = \int_0^{10} S(x)\,dx = \int_0^{10} 3x^2\ dx$$

$$= [x^3]_0^{10} = 10^3 - 0$$

$$= \underline{1000}$$

櫻花何時會開花？

　　微分和積分其實經常出現在生活周遭。舉例來說，每天都可見的天氣預報，我們假設現在是櫻花盛開的時間吧

　　櫻花已在去年的夏天開完，休眠後會在寒冬的某個時間再次含苞待放。隨著寒冬到早春氣溫的緩緩上升，而跟著成長，直到開花。讓我們觀察這段時間每天的平均氣溫，加總超過某個基準值的溫度，也就是用計算累積的溫度和天氣預報預測開花日，當累積至某溫度時，花苞就會開始盛開了。而最重要的累積溫度，則須用到積分。

　　將每天的溫度記錄下來，畫成圖後就可以一目了然氣溫的變化。但一天中氣溫在早上、中午、晚上都會有相當的差異，為了正確地將溫度積分，我們又把一天 24 小時，以 1 小時、1 分鐘或 1 秒鐘細分。曲線便如左下圖。因為累積溫度是將超過某基準值的溫度做積分，我們將基準值設為 6℃，加總每天超過 6℃的的溫度，我們就可以預測櫻花的開花時間了。

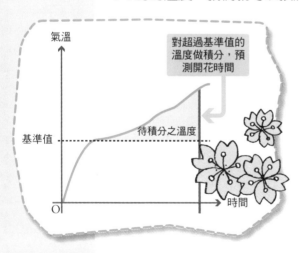

進入本章時您已經是專家了！
微積分的應用

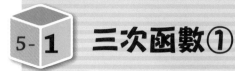

5-1 三次函數①

曲線的極值和反曲點

為什麼極大值不是最大值？

　　為了用微分進一步理解如三次函數的複雜曲線，讓我們一邊複習曲線的特性，一邊想想什麼是三次函數吧。

　　在第二章（P.58）關於二次函數頂點的極大值及極小值已經做過說明。在這裡我們**統稱為極值**。但是，為什麼不將極值稱為最大值或最小值呢？如右頁圖的曲線中，在山和谷之間雖然存在部分的極大值或極小值，但對整個函數來說並不是最大值或最小值。而當我們求二次函數的頂點時，就是為了得到極值，那時我們利用頂點切線斜率為 0 的特性，所以能用微分得知斜率是否為 0，真的是件不錯的事。

曲線彎曲方向改變的點稱為反曲點

　　一條開口向下的曲線連接著另一條開口向上的曲線。反之亦然，先描繪一條開口向上的曲線，在連上一條開口向下的曲線。**兩條曲線彎曲方向改變的點稱為反曲點**。

　　三次以上的函數，在曲線中會有改變彎曲方向的反曲點存在。而反曲點上的切線，如右圖，則不只與曲線相切，還會和曲線交叉。

　　事實上，**在三次函數中即使斜率為 0 的點，也未必就會有極值**。例如，$y = x^3$ 在 $x = 0$ 的斜率是 0，但因為不會出現如右下圖的山形與谷形相連的地方，所以也不會有極值出現。想要區別函數曲線的特性是相當麻煩的一件事。

分析三次函數

極值
極大值：函數圖形中，山的頂點
極小值：函數圖形中，谷的頂點

※ 如三次函數圖形，有部分最大值或部分最小值

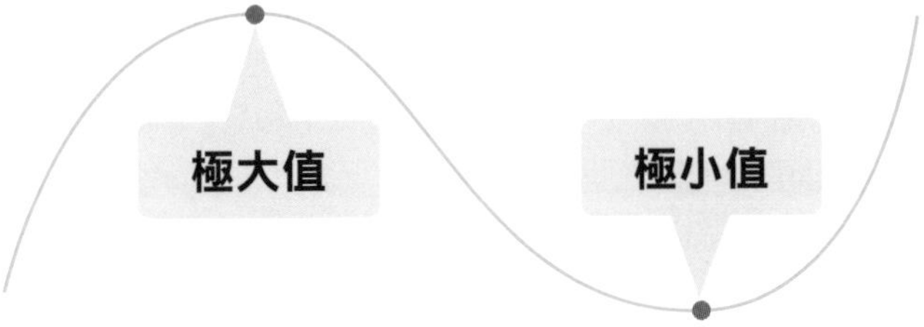

極大值

極小值

反曲點
曲線的彎曲方向改變的點
● 開口向下的曲線➡開口向上的曲線
● 開口向上的曲線➡開口向下的曲線

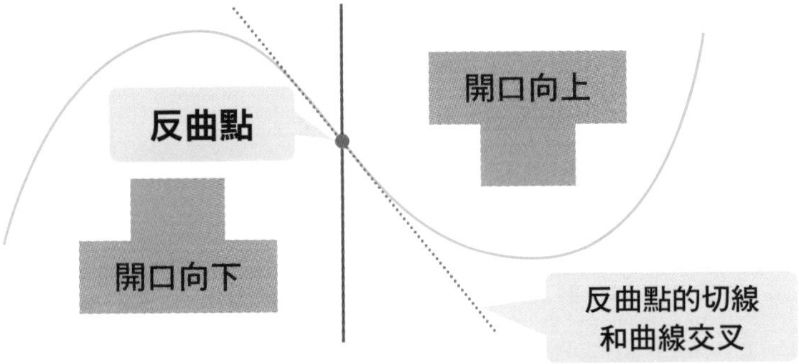

反曲點

開口向上

開口向下

反曲點的切線
和曲線交叉

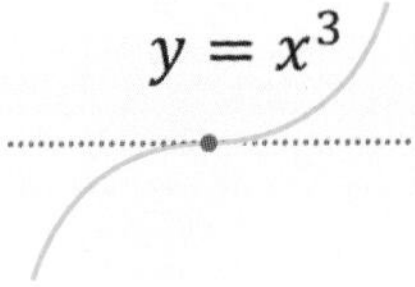

$y = x^3$

即使切線的斜率是 0，也可能不存在極值
➡辨斷曲線的特性是很困難的

三次函數②

使用表格記錄斜率的正負變化

使用表格整理曲線的變化

試著將三次函數圖形的坐標匯整成一張表格後，裡面的山峰、谷底等複雜函數的曲線特性，便可以迅速地一目了然。

首先看看這個函數 $y = -x^3 + 3x$ 吧。將式子因式分解，並且求函數和 x 軸的交點：

$$y = -x^3 + 3x = -x(x + \sqrt{3})(x - \sqrt{3})$$

依據上式，可以知道函數和 x 軸的交點為是 $x = 0, \pm\sqrt{3}$。接著，求微分後斜率為 0 的點，如下式：

$$y' = -3x^2 + 3 = -3(x + 1)(x - 1)$$

我們知道在 $x = 1, -1$ 時斜率為 0。若欲考慮函數 y' 的正負號，可以從 x^2 的係數為負值，知道此二次函數是開口向下的曲線。因此，$-1 < x < 1$ 的範圍中，斜率為正，而圖形則會單純地增加。相反地，在 $x < -1$、$x > 1$ 中，因斜率為負，圖形便會單純地減少。利用這些資訊可以了解圖形的大致形狀了。

若匯集成表，可得如右下的表格。因在各個斜率為 0 的點上，其實就是圖形從增加變成減少的地方，所以 $x = -1$ 有極小值，而 $x = 1$ 有極大值。

只是，到目前為止，我們還看不出來圖形上的反曲點在哪裡，也無法確定曲線是開口向上還是向下。

描繪三次函數圖形的步驟

$$y = -x^3 + 3x$$

$$y' = -3x^2 + 3$$

1 求與 x 軸之交點

因式分解

$$y = -x^3 + 3x = -x(x^2 - 3)$$
$$= -x(x + \sqrt{3})(x - \sqrt{3})$$

➡ 函數與 x 軸之交點 $x = 0, \pm\sqrt{3}$

2 求斜率為 0 的點

$$y' = -3x^2 + 3 = -3(x + 1)(x - 1)$$

➡ $x = 1, -1$ 為斜率為 0 的點

3 考慮斜率為正或負

$x < -1$、$x > 1$，斜率為負 ➡ 圖形單純地減少

$-1 < x < 1$，斜率為正 ➡ 圖形單純地增加

4 彙整成表格

x	$\cdots$	-1	$\cdots$	-1	$\cdots$
y'	$-$	0	$+$	0	$-$
y	$\rightarrow$	-2	$\rightarrow$	2	$\rightarrow$

極小值　　　　極大值

5-3 三次函數③

加上二次微分的表格

「斜率的斜率」表示曲線的形狀

繼續分析三次函數 $y=-x^3+3x$ 的圖形樣貌。雖然我們已經透過表格了解大致圖形，但仍然無法確定反曲點的位置與圖形的實際模樣。

因此我們將函數做第二次的微分，會得到 $y''=-6x$ 的結果。二次微分後的函數，可以稱為「斜率的斜率」，雖然聽起來可能有些奇怪？

斜率為正則圖形是單純地增加，也就是切線的斜率只會向上。不過，同樣是向上，卻有兩種不同的結果。

其一是圖形急遽上升的開口向上①曲線，其二是圖形緩慢上升的開口向下②曲線。如右圖，斜率向上的切線①，因為圖形急速地上升，所以「斜率的斜率」y'' 會是正的。反過來說，斜率向上的切線②，因為圖形是一步步地緩慢上升，所以「斜率的斜率」y'' 為負。至於，斜率向下也是一樣，當 y'' 為正，圖形為開口向上且圖形一步步地緩慢減少，如果 y'' 是負的，圖形則為開口向下且圖形急速地下降。

「斜率的斜率」的 y'' 能表達曲線的彎曲方向，即開口向上或向下。所以，當 $y''=0$ 時，則是曲線彎曲方向改變的位置，也就是反曲點。

如果更進一步地將 y'' 也放入表格中，如右表，極值、反曲點，甚至是圖形的開口方向都可以被描繪出。再加上我們也求出了圖形與 x 軸的交點，所以圖形的描述是很完美的。

順帶一提，我們所習慣的二次函數開口方向之判斷，與二次微分 y'' 後的正負號關係一致。

用二次微分求曲線彎曲的方向

$$y = -x^3 + 3x$$

二次微分

$$y'' = (-x^3 + 3x)'' = (-3x^2 + 3)' = -6x$$

> $y'>0$，所以單純增加的兩個曲線

斜率向上① ↗
開口向上的曲線
＝圖形急遽增加
＝「斜率的斜率」為正的（$y''>0$）

斜率向上② ↗
開口向下的曲線
＝圖形緩慢增加
＝「斜率的斜率」為負的（$y''<0$）

當斜率變成向下也是相同的情況

> 「斜率的斜率」y'' 能表示曲線的開口方向！

● 表格

x	$\cdots$	1	$\cdots$	0	$\cdots$	1	$\cdots$
y'	$-$	0	$+$	$+$	$+$	0	$-$
y''	$+$	$+$	$+$	0	$-$	$-$	$-$
y	↘	2	↗	0	↗	2	↘

極小值　反曲點　極大值

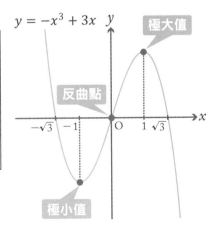

$y = -x^3 + 3x$

極大值

反曲點

極小值

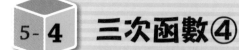

5-4 三次函數④

各式各樣的三次函數

將三次函數以開口向上、開口向下與斜率分類

　　雖然我們已經知道描繪三次函數的方法了，但還是再一次將性質整理一下吧。在函數放入常數 a、b、c、d 之後，可以表示成：

$$y = ax^3 + bx^2 + cx + d \quad (a、b、c、d：常數，a \neq 0)$$
$$y' = 3ax^2 + 2bx + c$$
$$y'' = 6ax + 2b$$

　　令 $a \neq 0$，是為了防止三次函數變為二次函數。

　　y'' 說，讓我們來看看曲線是開口向上還是向下的吧。如果 a 為正，則表示「斜率的斜率」會從負的轉為正的，因此圖形便從開口向下轉變成開口向上的曲線。反過來說，如果 a 為負，圖形則會從開口向上轉變為開口向下的曲線。

　　而 y' 是單純地考慮斜率，我們可以將 y' 和 x 軸的交點分為三類。首先，當 y' 和 x 軸沒有交點，不論斜率純粹是正的或是負的，都不存在斜率是 0 的點。

　　接著，是 y' 和 x 軸相交於一點，此時為 y' 的頂點與 x 軸相切。如同 $y = x^3$ 的例子，在斜率為 0 的兩側只有向上增加的斜率或只有向下減少的斜率。

　　最後，是 y' 和 x 軸相交於兩點。此時圖形各有一個山型與谷型的曲線出現。當然，x 軸和 y' 的交點上，各有一個極大值和極小值存在。

　　四次或以上的函數，也可以用相同的方式分類開口向上、開口向下與斜率。

徹底分類三次函數

三次函數方程式

函數 $y = ax^3 + bx^2 + cx + d$

斜率 $y' = 3ax^2 + 2bx + c$

開口方向 $y'' = 6ax + 2b$

（ a、b、c、d：常數，$a \neq 0$ ）

以 y'' 區分開口方向

● $a > 0$ 時

y'' 由負轉正

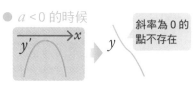

山型　＋　谷型

● $a < 0$ 時

y'' 由正轉負

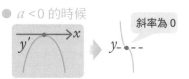

谷型　＋　山型

以 y' 區分斜率的正負

y' 和 x 軸沒有交點時

● $a > 0$ 的時候

斜率為 0 的點不存在

● $a < 0$ 的時候

斜率為 0 的點不存在

y' 和 x 軸有一個交點時

● $a > 0$ 的時候

斜率為 0

● $a < 0$ 的時候

斜率為 0

y' 和 x 軸有兩個交點時

● $a > 0$ 的時候

● $a < 0$ 的時候

5章 進入本章時您已經是專家了！　微積分的應用

以有限的材料進行微分①

用微分求取極大值

利用有限的布，做出最大的箱子

製作一個以布貼於表面裝飾的木箱，想要盡可能地讓它擁有最大的體積。雖然我們有充足的木材，但是美麗的布卻有昂貴的價格，所以不得不好好盤算一番。

買到手的布被包裝於寬度兩公尺的圓筒中。價格是依據裁切後的周長決定。由於我們受限的預算，只能買到周長（長 ×2+寬 ×2）是 10 公尺的布。當要貼於木箱上前，將布的四個角裁下四個四邊形，如右圖。最後將切好的布貼在箱子上就完成了。

為了以有限的材料做一個最大的箱子，要切成多大的布？做成多大體積的箱子？

切出面積最大的布

首先，我們應該想想布該裁成什麼樣子。要讓箱子有最大的體積，該如何切成有最大面積 S 的布呢？

首先將四邊形的布之邊長為 a 和 b，布卷的長度當做 a。當然，面積是長乘以寬，即 $a \times b$，且周長是 10 公尺，如果 a 的最大值是 2 公尺的話

$$S = ab \qquad 2a + 2b = 10 \qquad 0 < a \leqq 2$$

就可以滿足以上三個條件了。

做一個大箱子

題目 自寬度 2 公尺的一捲布中，切出周長 10 公尺的布料，並盡可能地將布完全貼在一個大箱子上。

❶將布裁切

❷將布的四角，切下四個正方形

❸將裁好的布貼在大小相同的箱子上

切出面積最大的布

將 a、b 設為切下四個正方形後的邊長

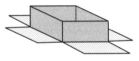

2m
S
a
b

- 面積 S 是長乘寬 $\qquad S = ab$
- 周長為 10 公尺 $\qquad 2a + 2b = 10$
- a 的最大值是 2 公尺 $\qquad 0 < a \leqq 2$

以有限的材料進行微分②

用二次函數表示有限的布塊

用二次函數求出最大布料面積

接續前章節,如何將布盡可能地切出面積最大的形狀。以邊長 a,b 表示的三個公式,於右頁以①到③表示。我們將變數減少一個,所以把面積 S 用 a 表示吧。

如此一來,②式就會變成 $b=5-a$。再代入①,就會得到 a 的二次函數了。若將 S 對 a 微分,就會形成下式:

$$S(a) = a(5 - a) \qquad S'(a) = -2a + 5$$

因為 $a=\frac{5}{2}$ 時,$S'(a)=0$,此時二次函數的頂點在($\frac{5}{2}$,$\frac{25}{4}$),所以將面積 S 和邊長 a 的關係以圖形表示,由於二次項的係數為負,曲線就呈現開口向下的樣子。另外,我們由③得知,$0<a\leq2$,面積 S 因為是單純地增加,所以當 $a=2$,$b=3$ 時,面積在 $S(2)$ 有最大值。

用三次函數表示長方體體積

接著,將長 2 公尺、寬 3 公尺的長方形布塊,切去四個正方形的角落,並想想如何盡量做成一個最大的箱子。

四個角落的正方形邊長,在布料貼於立體木箱時會變成高度,所以四個角落都必須切成相同的正方形。如果將正方形的一邊設為 x,體積即是 <長>×<寬>×<高>,以下面的三次函數表示:

$$V(x) = x(2 - 2x)(3 - 2x) = 4x^3 - 10x^2 + 6x$$

求取布的最大面積

$$S = ab \qquad \cdots ①$$

$$2a + 2b = 10 \qquad \cdots ②$$

$$0 < a \leqq 2 \qquad \cdots ③$$

想將布裁切成最大的面積

依據②我們可知，

$b = 5 - a$，代入①

面積以 a 的二次函數表示

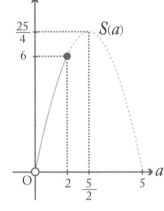

微分

$$S(a) = a(5 - a) = -a^2 + 5a$$

$$S'(a) = -2a + 5$$

$$S'\left(\frac{5}{2}\right) = 0 \quad, \quad S\left(\frac{5}{2}\right) = \frac{25}{4}$$

$S(a)$ 的頂點是 $\left(\dfrac{5}{2}, \dfrac{25}{4}\right)$

由③得知，$0 < a \leqq 2$

面積 S 為單純增加

$a = 2$，$b = 3$ 時，面積在 $S(2) = 6$ 有最大值

想想看長方體體積

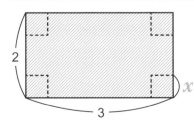

設正方形一邊長為 x

$$V(x) = x(2 - 2x)(3 - 2x)$$
$$= 4x^3 - 10x^2 + 6x$$

以有限的材料進行微分③

用三次函數來表示體積的最大值

分析三次函數並求最大值

接著,我們想想如何做出一個大箱子吧。以 x 的三次函數表示體積 $V(x)$,並一邊描繪圖形一邊分析。

首先,看看 $V(x) = x(2-2x)(3-2x)$,我們可以知道,三次函數 $V(x)$ 在 $x=0$、1、$\frac{3}{2}$ 會與 x 軸相交。

並且,若以 x 對 V 做微分,便會出現下式:

$$V'(x) = (4x^3 - 10x^2 + 6x)' = 12x^2 - 20x + 6$$

為了求得三次函數的頂點,便利用 $V'(x)=0$,而得到極值在 $x = \frac{5 \pm \sqrt{7}}{6}$。若彙整 $V(x)$ 的斜率於表格上,可以發現曲線會有開口向下,再轉為開口向上的現象。如右頁圖。

另外,長方體的每個邊長都必須大於 0,所以又知道 $2-2x>0$,而 $0<x<1$。在此範圍中,V 的最大值位於 $x = \frac{5-\sqrt{7}}{6}$。各邊長經計算後便得到長 $\frac{1+\sqrt{7}}{3}$、寬 $\frac{4+\sqrt{7}}{3}$、高 $\frac{5-\sqrt{7}}{6}$,再以這些結果如右頁計算,可得體積最大的長方體:

$$V\left(\frac{5-\sqrt{7}}{6}\right) = \frac{10 + 7\sqrt{7}}{27}$$

體積變成一個非常小的值,如果反過來想,要將布切割成這樣微妙的長度是很難的。因此在這裡便可以感覺到積分的價值。

求取箱子的最大體積

$$V(x) = x(2 - 2x)(3 - 2x) \cdots ①$$
$$= 4x^3 - 10x^2 + 6x$$

微分

由①可知，$x=0$、1、$\frac{3}{2}$ 與 x 軸相交

$$V'(x) = 12x^2 - 20x + 6$$

若 $V'(x)=0$

因為 $x = \dfrac{-b \pm \sqrt{b^2 - 4ac}}{2a}$

$$x = \frac{5 \pm \sqrt{7}}{6}$$

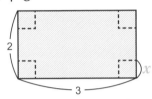

畫成表格

● 表格

x	$\cdots$	$\frac{5-\sqrt{7}}{6}$	$\cdots$	$\frac{5+\sqrt{7}}{6}$	$\cdots$
V'	$+$	0	$-$	0	$+$
V	↗		↘		↗

畫成圖形

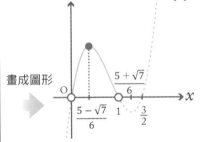

求體積的最大值

每個邊長都要大於 0
$$2 - 2x > 0 \Leftrightarrow 0 < x < 1$$

因此，$x = \dfrac{5 - \sqrt{7}}{6}$ 時，長、寬、高分別為 $\dfrac{1 + \sqrt{7}}{3}$、$\dfrac{4 + \sqrt{7}}{3}$、$\dfrac{5 - \sqrt{7}}{6}$

所以體積 $V\left(\dfrac{5 - \sqrt{7}}{6}\right) = \dfrac{1 + \sqrt{7}}{3} \times \dfrac{4 + \sqrt{7}}{3} \times \dfrac{5 - \sqrt{7}}{6} = \dfrac{10 + 7\sqrt{7}}{27}$

體積最大值

物理法則與微積分①

使用微分分析距離和速度

使用微分自由自在地計算距離和速度

將一顆小石頭向正上方丟去，經過 x 秒後發現小石頭位於距地面 y 公尺的上空。我們將此關係以下式表達：

$$y = -5x^2 + 30x$$

算算看這顆小石頭幾秒後會到達最高點吧。首先，將這個式子微分，就會得到下式：

$$y' = -10x + 30$$

回想一下第三章距離、速度與時間的關係（P.100），因為 y' 是距離用時間微分的結果，所以稱為速度。

我們知道 $f'(3)=0$，即第 3 秒時，位置到達最高，因此可知小石頭會上升至速度等於 0，$f(3)=45$ 公尺。同意吧？

那麼，這顆小石頭是被什麼樣的速度向上丟的呢？又，這顆小石頭開始往下降，到達每秒 20 公尺的速度時，用了幾秒鐘，且此時高度是多少呢？

由上式可以知道初速為 $f'(0)=30$，每秒 30 公尺。接著當石頭向下掉落時，因我們設向上為正，所以速度轉而為負。欲求速度為 $y'=-20$，能得 $x=5$，因此在 $f(5)$ 時，$y=25$，即第 5 秒時，在高度 25 公尺處的速度是每秒 20 公尺。

透過微分，就可以像這樣自由自在地分析速度、距離與時間之間的關係。

速度和時間的關係

 ◉ x 秒後

y m

將小石頭向上丟，x 秒後小石頭為在距地上高度 y 的位置，以下列函數表示

$$y = -5x^2 + 30x$$

距離與速度的關係

距離 ── 對時間微分 ──➤ 速度

題目 小石頭上升至最高處是幾秒後？

$$y' = -10x + 30$$

y' 為速度

因 $f'(3) = 0$ 有極值，
所以 $f(3) = 45$ 為最高點。
因此 3 秒後會上升到高度 45 公尺處

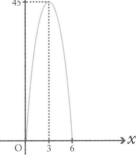

題目 小石頭的初速是多少？
因為 $f'(0) = 30$
初速為 30m/s

題目 小石頭開始下降後幾秒，速度會是每秒 20 公尺？
因為 $f'(5) = -20$、$f(5) = 25$
所以小石頭在第 5 秒的高度為 25 公
尺，速度為每秒 20 公尺

向下落的速度
為負數

物理法則與微積分②

使用積分推導物理的公式

用加速度推導出等加速度的公式

想像將一顆小石頭掉入一個沒有底的井中,會有什麼情形。假設在沒有空氣摩擦力的狀況下,自由落體會有固定的加速度 g。再一次,我們利用距離、速度與時間之間的關係。以距離對時間微分會得到速度,而以速度對時間微分則得到加速度。在這裡,我們將小石頭的加速度 g 以 y'' 表示,而 x 秒後的速度 y',則如下式:

$$y' = \int y'' dx = \int g\, dx = gx + C \quad (C:積分常數)$$

因為將手放開的瞬間速度為 0,也就是 $x=0$ 秒的初速度是從 0 開始,所以 $C=0$ 可得 $y'=gx$。由此式子可知小石頭的速度為一次函數(且速度只會隨著時間增加)。距離 y 可用下式表示:

$$y = \int y' dx = \frac{1}{2}gx^2 + C \quad (C:積分常數)$$

也就是將手放開的瞬間,$x=0$ 秒的距離為 0,故 $C=0$,可得 $y = \frac{1}{2}gx^2$。因此我們可以將小石頭的移動距離用時間的二次函數表示。

其實,這就是物理上的等加速度直線運動公式,並與下式的意思相同:

$$S <移動距離> = V_o t <初速度> + \frac{1}{2}gt^2$$

所以,**即使是物理公式也可以用積分簡單地推導出來**。

用加速度推導移動距離

將一顆小石頭投入井裡，會有重力加速度 g

加速度、速度與距離的關係

距離 →對時間微分→ 速度 →對時間微分→ 加速度

題目 求 x 秒後的速度 y'

我們將 y'' 視為 g 然後積分

$$y' = \int y'' \, dx = \int g \, dx = gx + C \quad （C：積分常數）$$

因為在第 0 秒的速度是 0，$f'(0) = 0$，故 $C = 0$

$$y' = gx \qquad 速度$$

題目 求取 x 秒後的移動距離 y

以時間對速度積分

$$y = \int y' \, dx = \frac{1}{2} gx^2 + C \quad （C：積分常數）$$

第 0 秒的距離是 0，$f(0) = 0$，故 $C = 0$，

$$y = \frac{1}{2} gx^2$$

與物理的等加速度直線運動公式一致

$$S \text{<移動距離>} = V_o t \text{<初速度>} + \frac{1}{2} g t^2$$

物理公式也遵循微分和積分的法則

合成函數的微分

其他函數的微分技巧

將複雜的函數與其他函數相乘就可以很輕鬆地解開

在 x 和 y 函數中,再多一個其他的函數,好讓微分計算更簡單地的技巧稱為合成函數的微分。

舉例來說,想要微分 $y=(x^2-7x+1)^2-3(x^2-7x+1)$ 這種函數,是不是看起來相當麻煩?首先我們可以將 x^2-7x+1 提出。也就是多考慮一個函數 $g(x)$,並將變數定義為 $t=x^2-7x+1$,y 以 f 表示,t 以 g 表示,則會得到下式:

$$y = f(t) = t^2 - 3t \qquad t = g(x) = x^2 - 7x + 1$$

將像這樣的兩個函數(合成函數),經過右頁的計算可以表示成導函數:

$$\frac{dy}{dx} = \frac{dy}{dt} \cdot \frac{dt}{dx}$$

而此微分式子便成立。雖然現在的我們對該用什麼關鍵函數做微分還不太有頭緒,但可從這個線索想想,**當 y 對 x 微分,其實就是 y 對 t 微分,再乘上 t 對 x 微分後的結果。**

試著依循這個線索找找關鍵函數吧,結果如下:

$$y' = f'(t) \cdot g'(x) = (2t - 3)(2x - 7)$$

若將 $t=x^2-7x+1$ 代入,就可以如右頁一般簡單地求出 y'。雖然其中的破解方式通常需要經過稍微思考,才會覺得有點沒那麼複雜,不過如果多加練習,很快就能得心應手了。

微分便利的技巧

合成函數的微分公式

$y = f(t)$ ， $t = g(x)$ 以合成函數表示

$y = f(g(x))$ 的導函數

$$\frac{dy}{dx} = \lim_{\Delta x \to 0} \frac{f(g(x + \Delta x)) - f(g(x))}{\Delta x}$$

$$= \lim_{\Delta x \to 0} \left\{ \frac{f(g(x + \Delta x)) - f(g(x))}{g(x + \Delta x) - g(x)} \cdot \frac{g(x + \Delta x) - g(x)}{\Delta x} \right\}$$

依據 $t = g(x)$ 和 $\Delta t = g(x + \Delta x) - g(x)$

$g(x + \Delta x) = g(x) + \Delta t = t + \Delta t$ 可得這樣的關係

$$= \lim_{\Delta x \to 0} \left\{ \frac{f(t + \Delta t) - f(t)}{\Delta t} \cdot \frac{g(x + \Delta x) - g(x)}{\Delta x} \right\}$$

如果 $\Delta x \to 0$ ， $\Delta t \to 0$ 就會有這樣的結果

$$= \lim_{\Delta t \to 0} \frac{f(t + \Delta t) - f(g(x))}{\Delta t} \cdot \lim_{\Delta x \to 0} \frac{g(x + \Delta x) - g(x)}{\Delta x}$$

$$= f'(t) \cdot g'(x) = \underline{\frac{dy}{dt} \cdot \frac{dt}{dx}} \quad \text{公式}$$

題目 用 x 對以下的函數做微分

$$y = (x^2 - 7x + 1)^2 - 3(x^2 - 7x + 1)$$

$$y' = \{(x^2 - 7x + 1)^2 - 3(x^2 - 7x + 1)\}'$$

在這裡我們令 $t = x^2 - 7x + 1$

又因為 $y = f(t) = t^2 - 3t \quad g(x) = x^2 - 7x + 1$

$$= \frac{d}{dx}(t^2 - 3t) = \frac{d}{dt}f(t) \cdot \frac{d}{dx}g(x) \quad \text{合成函數的微分公式}$$

$$= (2t - 3)(2x - 7) = \{2(x^2 - 7x + 1) - 3\}(2x - 7)$$

$$= (2x^2 - 14x - 1)(2x - 7)$$

$$= 4x^3 - 28x^2 - 2x - 14x^2 + 98x + 7 \quad \boxed{t = x^2 - 7x + 1}$$

$$= \underline{4x^3 - 42x^2 + 96x + 7}$$

三次函數的積分

三次函數和直線所圍成的面積

如果能用圖形理解，那麼其他的定積分當然也可以

因為本章主要針對三次函數，所以讓我們來看看三次函數的定積分吧。試著看看下列兩個函數，求被直線 $f(x)$ 和曲線 $g(x)$ 所圍成的面積 S。

$$f(x) = 4x \qquad g(x) = 2x^3 - 4x$$

首先，描繪 $g(x)$ 的圖形。微分後 $g'(x) = 6x^2 - 4$，當 $g'(x) = 0$，得 $x = \pm\sqrt{\frac{2}{3}}$，我們可以將表格如右頁表示。山型曲線之後所接的是谷型曲線。

接著，我們求 $f(x)$ 和 $g(x)$ 的交點。作法是代入等號於兩者間後因式分解，如下式：

$$0 = 2x(x + 2)(x - 2)$$

因此可知 $x = -2, 0, 2$ 時有交點。

將上述以右圖表現，我們可知只要將 $x = -2$ 到 $x = 0$ 所圍成的面積 S_1，與以 $x = -2$ 到 $x = 0$ 所圍成的面積 S_2 相加，就可以得到總面積。

也許你已經從圖形上注意到了，因為 $f(x)$ 和 $g(x)$ 互為滿足點對稱的奇函數 $f(x) = -f(-x)$（P.146），所以可得 $S_1 = S_2$ 的關係。只要求得其中一個面積再乘上兩倍就可知總面積。又因 S_2 在 $0 \leq x \leq 2$ 的範圍中，則 $f(x) \geq g(x)$。

所以 $S = 2 \times \displaystyle\int_0^2 \{f(x) - g(x)\}\, dx$

會成立。如右頁的計算，有 $S = 16$ 的結果。

求三次函數所圍成的面積

題目 求函數 $f(x)$ 和 $g(x)$ 所圍成的面積 S

$$f(x) = 4x$$
$$g(x) = 2x^3 - 4x$$

1 描繪圖形

$$g'(x) = 6x^2 - 4$$

當 $g'(x) = 0$，$x = \pm\sqrt{\dfrac{2}{3}}$

● 表格

x	$\cdots$	$-\sqrt{\dfrac{2}{3}}$	$\cdots$	$\sqrt{\dfrac{2}{3}}$	$\cdots$
y'	$+$	0	$-$	0	$+$
y	↗		↘		↗

求 $f(x)$ 和 $g(x)$ 的交點

$$4x = 2x^3 - 4x \Leftrightarrow 0 = 2x^3 - 8x$$
$$\Leftrightarrow 0 = 2x(x+2)(x-2)$$

$f(x)$ 和 $g(x)$ 相交於 $x = -2$、0、2

2 以定積分求面積

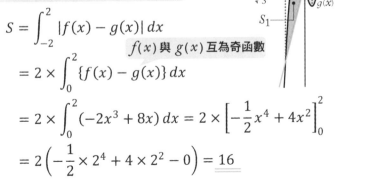

$$S = \int_{-2}^{2} |f(x) - g(x)|\, dx$$

> $f(x)$ 與 $g(x)$ 互為奇函數

$$= 2 \times \int_{0}^{2} \{f(x) - g(x)\}\, dx$$

$$= 2 \times \int_{0}^{2} (-2x^3 + 8x)\, dx = 2 \times \left[-\frac{1}{2}x^4 + 4x^2 \right]_{0}^{2}$$

$$= 2\left(-\frac{1}{2} \times 2^4 + 4 \times 2^2 - 0 \right) = \underline{16}$$

5-12 圓面積

積分圓周就可得到面積

將圓面積當作圓周的重疊

來用積分導出半徑為 r 的圓面積公式吧。首先，所謂圓周率 π（3.141592），是圓周長和直徑的比例。因此以圓周的比率命名，稱「圓周率」π。因此，圓周長可以表示成 $L = \pi \times 2r = 2\pi r$。

若把變數 x 設為半徑，則圓周長可以表示成 $2\pi x$。用一個長度 Δx 的窄片覆蓋在這個圓上，而將圓面積設為 $S(x)$，則每個窄片的面積 ΔS 可以表示成 $S(x+\Delta x) - S(x)$。現在，我們用剪刀喀擦一聲地將窄片剪斷，並拉直這彎曲弧形的窄片。則拉直後的梯形下底長為 $2\pi(x+\Delta x)$，上底長為 $2\pi x$，且高度為 Δx，面積如下式：

$$S(x + \Delta x) - S(x) = \Delta S = 2\pi x \times \Delta x + \pi \Delta x^2$$

將這個式子的兩邊同除 Δx，且窄面寬度 Δx 為無窮小，則可得：

$$\lim_{\Delta x \to 0} \frac{\Delta S}{\Delta x} = 2\pi x$$

因 $\pi \Delta x$ 中的 Δx 逼近 0，所以可以將 $\pi \Delta x$ 當作是 0，此式等同於對圓面積 $S(x)$ 做微分，$\frac{d}{dx} S(x)$ 的意思，若對 x 積分，就可以求得 $S(x)$。

所以我們積分窄片面積（圓周的長度），就像是重疊著年輪蛋糕（Baumkuchen），來求得想要的圓面積。積分常數則是當 x 為 0 且面積也為 0 的狀態下，才能讓 $C=0$。如右頁之計算，我們就可以求得 $S = \pi x^2$。

＊Baumkuchen：來自德國，台灣譯作「年輪蛋糕」

推導圓面積的公式

如果將圓的半徑設為 x，
面積當作 $S(x)$

< 圓周的長 >=$2\pi x$

疊上窄片

將長度 Δx 的窄片覆蓋於圓的周圍
再用剪刀將窄片剪開後攤平

梯形面積

$$\Delta S = S(x + \Delta x) - S(x)$$

$$= \frac{2\pi(x + \Delta x) + 2\pi x}{2} \times \Delta x$$

$$= 2\pi x \times \Delta x + \pi \Delta x^2 \cdots ①$$

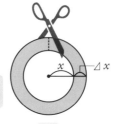

攤平

梯形

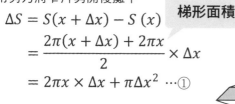

進入本章時您已經是專家了！ 微積分的應用

取 Δx 的極限

將①的兩邊同除 Δx

$$\frac{\Delta S}{\Delta x} = 2\pi x + \pi \Delta x$$

取極限 $\Delta x \to 0$

$\Delta x \to 0$

$$\lim_{\Delta x \to 0} \frac{\Delta S}{\Delta x} = \lim_{\Delta x \to 0}\{2\pi x + \pi \Delta x\} = 2\pi x$$

相當於 $\dfrac{d}{dx}S(x)$

對 x 積分

$$\int \frac{d}{dx}S(x)\,dx = \int 2\pi x\,dx = \pi x^2 + C \quad (C：積分常數)$$

因為 $x=0$ 時面積為 0，所以 $C=0$

$$\underline{S(x) = \pi x^2}$$ **圓面積公式！**

5-13 球體積

對圓截面積做積分

重疊圓的截面積就會得到球體積

我們曾提到，因圓面積是對圓周長 $2\pi r$ 積分，並導出 πr^2。接下來，我們也用積分推導看看球體積公式吧。

將球體的半徑設為 r。若將球放在 xy 坐標系上，我們可以捕捉球在 xy 坐標系上的圓形。此圓形可以用 $x^2 + y^2 = r^2$ 表示。

我們可以如右圖一般地想像如何計算球體積，用 xy 坐標平面切割下來的薄片重疊相加出球體積。$x=0$ 的截面積就相當於半徑 r 的圓，也就是面積為 πr^2。截面積的半徑是以 xy 坐標系上的 y 變數做決定，因此我們可以將圓面積方程式變形成 $y = \pm\sqrt{r^2 - x^2}$。

因為半徑為長度，所以不需要考慮出現負值的情況。垂直坐標系的球體截面積為 S，將這些截面積從 r 到 $-r$ 用定積分加總，就可以得體積 V。

$$S = \pi\left(\sqrt{r^2 - x^2}\right)^2 = \pi(r^2 - x^2)$$
$$V = \int_{-r}^{r} \pi(r^2 - x^2)\,dx = 2\pi\int_{0}^{r} (r^2 - x^2)\,dx$$

因球體左右對稱，所以計算體積 V 可以算出 0 到 r 的體積，再乘以兩倍。最後便能得到 $V = \frac{4}{3}\pi r^3$。

推導出球體積公式

將半徑 r 球體中心疊在 xy 坐標系的原點 O 上

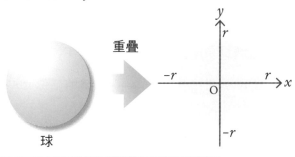

重疊

球

對球體做垂直平面的切割

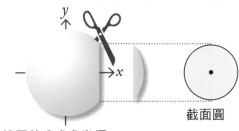

截面圓

依據圓的公式求半徑

$$x^2 + y^2 = r^2 \Leftrightarrow y^2 = r^2 - x^2$$

$$\Leftrightarrow y = \pm\sqrt{r^2 - x^2}$$

> 因為半徑不會為負值，所以半徑為 $\sqrt{r^2 - x^2}$

圓的截面積

$$S = \pi\left(\sqrt{r^2 - x^2}\right)^2 = \pi(r^2 - x^2)$$

> 因球體為左右對稱

將截面積用積分加總

$$V = \int_{-r}^{r} \pi(r^2 - x^2)\,dx = 2\pi\int_0^r (r^2 - x^2)\,dx$$

> r 是常數

$$= 2\pi\left[r^2 x - \frac{1}{3}x^3\right]_0^r = 2\pi\left(r^3 - \frac{1}{3}r^3 - 0\right)$$

$$= 2\pi \times \frac{2}{3}r^3 = \frac{4}{3}\pi r^3$$

> 球體積的公式！

5-14 球的表面積

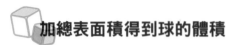
微分球的表面積

加總表面積得到球的體積

我們已經從積分推導出半徑 r 的球體積為 $\frac{4}{3}\pi r^3$。現在，讓我們試試怎麼利用微分推導出球的表面積。

球的表面積就像蘋果皮，是一層很薄的膜包覆著這顆蘋果。**想像這個薄膜厚度是 Δr，在重複堆疊很多層後，可以疊成一顆球體。**如果將球的表面積設為 $S(r)$，則包在球表面的膜體積 ΔV，可以表示成 $\Delta V = S(r+\Delta r) \times \Delta r$。將此式兩邊同除 Δr，並求膜的寬度 Δr 無窮小的極限，如下式：

$$\lim_{\Delta r \to 0} \frac{\Delta V}{\Delta r} = \lim_{\Delta r \to 0} S(r + \Delta r) = S(r)$$

也就是如果用半徑對體積微分，會得到表面積 $S(r)$。也可以寫成下式：

$$S(r) = \frac{d}{dr} V = \left(\frac{4}{3}\pi r^3\right)' = 4\pi r^2$$

這與半徑 r 的球體表面積公式一致。當然，若我們將表面積公式用 r 積分的話，就會得到體積公式了。

不同的次方 r，分別得到長度、面積與體積

目前為止，我們用微分與積分導出圓面積、球的表面積與球體積。如右圖，隨著 r 次方的不同，我們可以得知長度、面積與體積等精彩的結果。真是非常的有趣！

推導球的表面積公式

半徑為 r 的球體體積設為 V，且表面積為 S

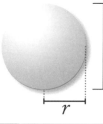

表面積：S
體 積：V

$$V = \frac{4}{3}\pi r^3$$

想像成以一個厚度 Δr 的薄膜覆蓋住

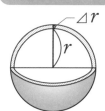

薄膜的體積 ΔV

$$\Delta V = S(r + \Delta r) \times \Delta r \Leftrightarrow \frac{\Delta V}{\Delta r} = S(r + \Delta r)$$

如果 $\Delta r \to 0$

$$\lim_{\Delta r \to 0} \frac{\Delta V}{\Delta r} = \lim_{\Delta r \to 0} S(r + \Delta r) = S(r)$$

與 $\frac{d}{dr}V$ 的意思一致

將球體想像成由許多薄膜包裹集結而成

ΔV　　V 對 r 微分，也就相當於 $S(r)$

$$S(r) = \frac{d}{dr}V$$

球體的表面積公式

$$= \left(\frac{4}{3}\pi r^3\right)' = \underline{4\pi r^2}$$

依據半徑 r 的次方數而不同的公式們

● 長度（r 的一次方）　　<圓周長> $= 2\pi r$

● 面積（r 的二次方）　　<圓的面積> $= \pi r^2$

　　　　　　　　　　　　<球的表面積> $= 4\pi r^2$

● 體積（r 的三次方）　　<球的體積> $= \frac{4}{3}\pi r^3$

5-15 圓錐的體積

將截面積堆疊起來，用定積分求體積

在我們切完圓、球的體積後，接下來，用積分推導圓錐的體積吧。圓錐的底面是圓形，我們將此圓半徑設為 r，高度為 h。如果用剪刀平行圓錐底面一路從尖端剪到底面，不論從哪個位置下刀，截面積都會是圓形。**如果不斷疊起這些大大小小的圓形，最後便會得到圓錐體積，現在來用積分試試看。**

首先，如果我們自垂直底面的方向切割圓錐，會得到三角形的剖面，將圓錐的頂點設為 O，由此點一路連至底面的圓心，如右上圖，並把此線想像成 x 軸。並且當 $x=h$ 時，有底面圓半徑 r。試著搭配三角形的比值，當三角形高為 x 時、半徑為 y，會有 $h:r=x:y$ 的關係，可以表示成 $y=\frac{r}{h}x$。此時，圓錐的截面積 S 如下：

$$S = \pi \left(\frac{r}{h}\, x\right)^2 = \frac{\pi r^2}{h^2} x^2$$

如果把 x 長度從 0 到 h 的截面積做積分，就會得到圓錐，如下式：

$$V = \int_0^h \frac{\pi r^2}{h^2} x^2 \, dx = \frac{\pi r^2}{h^2} \int_0^h x^2 \, dx$$

依右頁計算，可得 $V=\frac{1}{3}\pi r^2 h$ 的關係式。如公式所寫，圓錐的體積是相同高度圓柱的 $\frac{1}{3}$。

順帶一提，即使今天是斜面的圓錐體積，只要截面積是圓，圓錐的體積就會是相同高度圓柱體積的 $\frac{1}{3}$，這樣的相似關係，可以在他們有相同的積分模式中略見一斑。

推導圓錐體積公式

垂直切割圓錐，並將圓錐的頂點設為原點 O

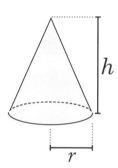

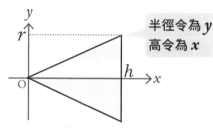

半徑令為 y
高令為 x

搭配三角形底邊與高的比值

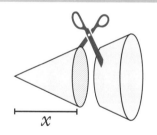

$$h : r = x : y$$
$$\Leftrightarrow y = \frac{r}{h} x$$

用剪刀一路平行圓錐底面地剪下

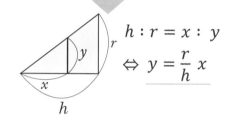

高度是 x 時的圓形截面積是 S

$$S = \pi \left(\frac{r}{h} x \right)^2 = \frac{\pi r^2}{h^2} x^2$$

想要重疊各個截面積，可以用定積分加總

$$V = \int_0^h \frac{\pi r^2}{h^2} x^2 \, dx = \frac{\pi r^2}{h^2} \int_0^h x^2 \, dx = \frac{\pi r^2}{h^2} \left[\frac{1}{3} x^3 \right]_0^h$$

$$= \frac{\pi r^2}{h^2} \left(\frac{1}{3} \times h^3 - 0 \right) = \frac{1}{3} \pi r^2 h$$

圓錐的體積公式！

旋轉體的體積①

以二次函數 x 軸為旋轉中心所畫出的體積

 垂直旋轉體之旋轉軸的截面積是一個完整的圓形

正當我們將各式各樣的面積、體積的公式推導出來時,也來想想怎麼算旋轉體的體積吧。

假設有一個二次函數 $y=x^2-1$。經過微分後,會得到 $y'=2x$、$f'(0)=0$,$f(0)=-1$,可知頂點在 $(0,-1)$,且為開口向上的曲線。因式分解後會得到 $y=(x+1)(x-1)$,所以當 $x=-1$、$x=1$ 時會與 x 軸相交。並出現如右頁的圖形。

此二次函數以 x 軸為中心旋轉後的體積,我們取 x 從 -1 到 1 的範圍,也就是 x 軸與函數所圍成的斜線部分面積旋轉,會從原本圓盤的形狀,變成如陀螺的樣子。來求一下這個形狀的體積吧。

想要俐落地求出旋轉體的體積,關鍵就在於截面積。將旋轉體從垂直 x 軸方向切割出的截面積會是圓形。也就是,如果**垂直旋轉體的旋轉軸方向切割,所得的剖面必是圓形。**

剖面的圓半徑,依然是 $y=x^2-1$ 的形式,因此可以將截面積 S 以 y 表示。重疊旋轉體的截面積 y 來求體積。因此我們將 S 對 x 的 -1 到 1 範圍做積分,可得:

$$S = \pi y^2 = \pi(x^2-1)^2 = \pi(x^4 - 2x^2 + 1)$$

$$V = \int_{-1}^{1} \pi(x^4 - 2x^2 + 1) \, dx$$

因為 $y=x^2-1$ 是偶函數,所以又可以將圖形切一半求出體積後,再乘上兩倍。計算之後可以得到如右式 $V=\frac{16}{15}\pi$ 的結果。只要抓到旋轉體體積的積分絕竅,它就變得出乎意料地簡單。

用積分求旋轉體的體積

題目 試求 $y=x^2-1$ 以 x 軸為旋轉中心所得到的立體圖形

● 求頂點

$$y' = 2x$$

$f'(0) =0$，$f(0) =-1$ 所以頂點為（0,-1）

● 求與 x 軸的交點

$$y = (x + 1)(x - 1)$$ ➡ 交點為 $x=-1$，1

與旋轉軸垂直所切出的剖面

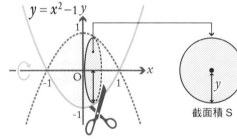

在旋轉體上，與旋轉軸垂直切出的截面均為圓形

截面積 S

因為截面積 S 是半徑為 y 的圓形

$$S = \pi y^2 = \pi(x^2 - 1)^2 = \pi(x^4 - 2x^2 + 1)$$

將截面積對 x 從 -1 到 1 的範圍做積分

$$V = \int_{-1}^{1} S \ dx = \int_{-1}^{1} \pi(x^4 - 2x^2 + 1) \ dx$$

因為是偶函數

$$= 2\pi \times \int_{0}^{1} (x^4 - 2x^2 + 1) \ dx$$

$$= 2\pi \times \left[\frac{1}{5} x^5 - \frac{2}{3} x^3 + x\right]_{0}^{1}$$

$$= 2\pi \times \left(\frac{1}{5} - \frac{2}{3} + 1 - 0\right) = \frac{16}{15}\pi$$

旋轉體的體積②

以二次函數 y 軸為旋轉中心所畫出的體積

與 y 軸方向相同時，對 y 做積分是再適合不過的

辛苦地求出以 x 軸為旋轉軸圍出的旋轉體體積後。現在，我們試著用相同的二次函數 $y=x^2-1$，但將旋轉軸換為 y 軸，求出旋轉體體積吧。所謂以 y 軸為旋轉中心，就是讓原本為曲線的二次函數，旋轉成鍋狀的立體。此時將 y 的範圍設為 -1 到 3，即旋轉體的高。

此旋轉體也與上一章節一樣，與旋轉軸 y 軸垂直的截面亦為圓形，所以我們試著將這些圓形的截面積重疊，以求取體積。**沿著 y 軸方向上，堆疊截面積並不是堆疊 dx，而是堆疊 dy，也就是對 y 積分。**因此，要注意此時的計算 x 與 y 的角色會互調。但是光在腦中想像，應該很難適應吧，所以最好還是先描繪出圖形或動手寫出算式吧。

如果截面積的半徑是函數 $y=x^2-1$ 中的 x，我們就必須以 y 的形式來表達半徑為 x 的函數關係。因此方程式便改寫成 $x=\pm\sqrt{y+1}$。另外，因為半徑是長度，所以不用費心思考負號的問題。半徑 x 的圓形截面積 S，對 y 方向做積分的式子如下：

$$S = \pi x^2 = \pi\left(\sqrt{y+1}\right)^2 = \pi(y+1)$$

$$V = \int_{-1}^{3} \pi(y+1)\,dy$$

y 的定積分計算其實只是 x 與 y 的符號對調而已，其他的計算過程完全一樣。經過右頁的計算後，可得 $V=8\pi$。

以 y 軸為旋轉軸的旋轉體體積

 題目 將 $y=x^2-1$ 以 y 軸為中心旋轉，
欲求此旋轉體體積

與 y 軸垂直的截面積

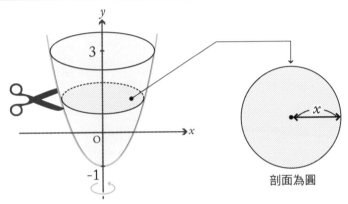

剖面為圓

剖面的圓形位置是考慮 y 而改變的
二次函數，以 x 表示。

剖面圓形的半徑

$$y = x^2 - 1 \Leftrightarrow x = \pm\sqrt{y+1}$$

截面積 S

$$S = \pi x^2 = \pi\left(\sqrt{y+1}\right)^2 = \underline{\pi(y+1)}$$

以 y 範圍 -1 到 3 對截面積做積分

$$V = \int_{-1}^{3} S\, dy = \int_{-1}^{3} \pi(y+1)\, dy$$

y 的積分和 x 的積分，
對計算來說是相同的。

$$= \pi \int_{-1}^{3} (y+1)\, dy = \pi\left[\frac{1}{2}y^2 + y\right]_{-1}^{3}$$

$$= \pi\left(\frac{9}{2} + 3 - \frac{1}{2} + 1\right) = \underline{8\pi}$$

5-18 旋轉體的體積③

將年輪蛋糕切塊

對平行於旋轉軸的側面積做積分

想要求旋轉體體積的時候，我們知道垂直旋轉軸的截面積會是圓形的樣子。與旋轉軸 x 軸垂直的圓形截面積是 πy^2。又，與旋轉軸 y 軸垂直的圓形截面積可以用 πx^2 表示。如果把 a、b 做為積分的範圍，則：

$$< 以\ x\ 軸旋轉的體積 >= = \int_a^b \pi y^2\, dx$$

$$< 以\ y\ 軸旋轉的體積 >= = \int_a^b \pi x^2\, dy$$

但非單純的開口向上或向下的情形時，這個公式就必須依各式各樣不同的場合分開使用。

在這裡，不論是開口向上、開口向下或中空型的旋轉體，都可以用同一個積分方法，稱為**年輪蛋糕分割法**，輕鬆簡單地求得上述的體積。和菓子中的年輪蛋糕是個中空的圓柱，如右頁圖。年輪蛋糕不斷重疊無數層薄膜所製成。

右頁圖在 xy 坐標系上重複疊上年輪蛋糕的薄膜，內側半徑是 a，外側半徑是 b，高度為 h。年輪蛋糕最外側的面積（也就是側面積），就是圓周乘上高度，$2\pi x \times h$。如果將此側面積從 $x=a$ 到 $x=b$ 加總，則可以想像成年輪蛋糕的體積 V，如下式：

$$V = \int_a^b 2\pi xh\, dx$$

關鍵就是如「輥紙蘿蔔」般，對旋轉體軸心平行的側面積做積分。由此概念就可以簡單的求得看似很難的旋轉體體積了。

＊備註：輥紙蘿蔔→以刀將蘿蔔連續不斷地削成薄紙狀

年輪蛋糕分割法

旋轉軸為 x 軸的旋轉體

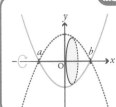

● 垂直 x 軸的圓形截面積：$S = \pi y^2$

● 旋轉體的體積：$V = \displaystyle\int_a^b \pi y^2 \, dx$

旋轉軸為 y 軸的旋轉體

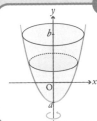

● 垂直 x 軸的圓形截面積：$S = \pi x^2$

● 旋轉體的體積：$V = \displaystyle\int_a^b \pi x^2 \, dy$

單純的旋轉體之外，此公式就必須依各式各樣不同的場合分開使用。

年輪蛋糕分割法

對平行於旋轉軸的側面積做積分

年輪蛋糕

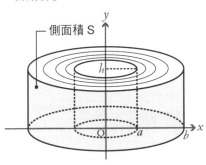

因為側面積 S 是 < 圓周長 > × < 高度 >

所以 $S = 2\pi x \times h$

將側面積 S 從 a 到 b 做積分

$$V = \int_a^b 2\pi x h \, dx$$

旋轉體的體積④

方便的年輪蛋糕分割法

中空的旋轉體也可以用年輪蛋糕分割法簡單地求得

我們已經說明過年輪分割法的概念。它並不是用截面積求旋轉體的體積，而是用類似年輪蛋糕的製作過程，對平行旋轉軸的側面積做積分求得體積。

如右頁圖，有一個形狀奇怪的圖形 $f(x)$，x 範圍由 a 到 b，試著對 y 軸旋轉看看，且 a 到 b 的範圍內 $0 \leq f(x)$。我們一樣可以用年輪蛋糕分割法求這個奇怪形狀的圖形，也就是，視為凹凸不同的筒狀疊加累積構成體積。如果將 $f(x)$ 當作是年輪蛋糕的高度，又表面積可以表示成 <圓周長>×<高度>，所以在各個半徑上的筒狀薄膜的面積 S，就表示為 $S=2\pi x f(x)$。將此積分後可得：

$$V = \int_a^b 2\pi x f(x)\, dx$$

這就是年輪分割法的積分公式。

舉例來說，二次函數 $y=-x^2+4x-3$ 繞著 y 軸旋轉。試求 $y \geq 0$ 的體積。二次函數 $y=-x^2+4x-3$，頂點在 $(2,1)$，且在 $x=1,3$ 處與 x 軸相交。這個旋轉體如右頁的「慕斯蛋糕」一般。如果用垂直旋轉軸的截面積做積分，應該會相當複雜喔。其實我們只要用年輪蛋糕分割法就行了，因為側面積是 $S=2\pi x f(x)$，再對範圍 1 到 3 做積分就可以了：

$$V = \int_1^3 2\pi x f(x)\, dx = 2\pi \int_1^3 x(-x^2 + 4x - 3)\, dx$$

接著如右頁般地計算後，就可得 $V = \frac{16}{3}\pi$。

用年輪蛋糕分割法求體積

年輪蛋糕分割法的積分公式

如圖將 $f(x)$（$a \leq x \leq b$）旋轉
（在 $a \leq x \leq b$ 時，$0 \leq f(x)$）

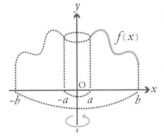

用年輪蛋糕分割法求體積時，因為筒狀
膜的面積 S 之高度可以用 $f(x)$ 表示，
所以

$$S = 2\pi x f(x)$$

< 圓周長 > × < 高度 >

用年輪蛋糕分割法求旋轉軸
y 軸的旋轉體體積

$$V = \int_a^b 2\pi x f(x)\, dx$$

求「慕斯蛋糕」形狀的體積

求二次函數 $y = -x^2 + 4x - 3$
，在 $y \geq 0$ 時，旋轉軸 y 軸的旋轉
體體積

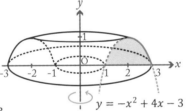

$$y = -x^2 + 4x - 3$$

$$V = \int_1^3 2\pi x f(x)\, dx = 2\pi \int_1^3 x(-x^2 + 4x - 3)\, dx$$

$$= 2\pi \int_1^3 (-x^3 + 4x^2 - 3x)\, dx = 2\pi \left[-\frac{1}{4}x^4 + \frac{4}{3}x^3 - \frac{3}{2}x^2 \right]_1^3$$

提出
分母

$$= 2\pi \left\{ \left(-\frac{1}{4} \times 3^4 + \frac{4}{3} \times 3^3 - \frac{3}{2} \times 3^2 \right) - \left(-\frac{1}{4} + \frac{4}{3} - \frac{3}{2} \right) \right\}$$

$$= \frac{1}{6}\pi \{ (-243 + 16 \times 27 - 18 \times 9) - (-3 + 16 - 18) \}$$

$$= \frac{16}{3}\pi$$

早在江戶時代便知道圓周率

雖然圓周率 π 是直徑和圓周的比值,但要精準的測得這個值是很困難的。也因為這樣,阿基米德(約西元前 287 年左右～西元前 212 年),在一個圓的外側與內側各放置了一個和圓相切的正多邊形,並將這些正多邊形的邊長變成無窮小測量。其實就是,對外側和內側的正多邊形周長做積分,並將兩者的比值做為圓周率(3.14)。到了 16 世紀,已經可以算出小數點後約 15 位的精確值。

日本江戶時代有稱為「和算」的數學發展史,以相當精確的方式,計算圓周率。村松茂清(西元 1608 年～西元 1695 年)的計算方法和阿基米德的很類似。對圓內相切的正多邊形周長做積分加總,推導出小數點後 7 位的精確數值。承繼了村松茂清計算方式的關孝和(西元 1640 年～西元 1708 年),繼續計算至小數點後 11 位的精確數字;接著,關孝和的徒弟建部賢弘(西元 1664 年～西元 1739 年)計算到小數點後 41 位的精確數字。建部賢弘已接近尤拉的計算方式,且比他要早了 15 年算出圓周率。

日本在各自的和算發展史上都有進展,像是被寺子屋使用,以及具和算流派 —— 宅間流學派中,輩出的建築近代日本基礎地圖的測量家伊能忠敬所應用,由各方面來看都有很大的影響。

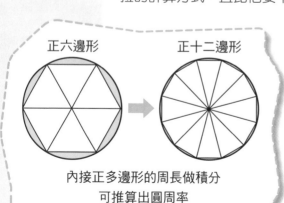

正六邊形　　　　　正十二邊形

內接正多邊形的周長做積分
可推算出圓周率

真好用！
公式範例集

收錄本書說明過的微積分公式以及本
書未提到卻對計算有所幫助的公式，
彙整提供給讀者參考

基本公式與各式各樣的函數

解二次函數

解 $ax^2 + bx + c = 0$ （$a \neq 0$）

★ $x = \dfrac{-b \pm \sqrt{b^2 - 4ac}}{2a}$ $(b^2 - 4ac \geqq 0)$

一次函數

★ $y = ax + b$

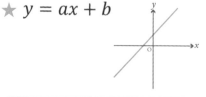

二次函數

★ $y = ax^2 + bx + c$

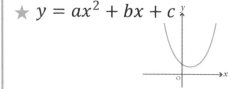

三次函數

★ $y = ax^3 + bx^2 + cx + d$

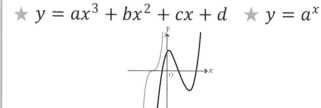

分數函數

★ $y = \dfrac{1}{x}$

三角函數

★ $y = \sin x$

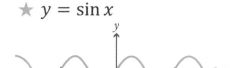

★ $y = \cos x$

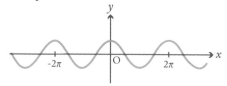

指數函數

★ $y = a^x$

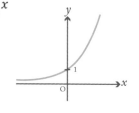

對數函數

★ $y = \log x$

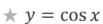

微分的基本公式

微分係數

$x = a$ 時，$f(x)$ 的微分係數（切線的斜率）

$$\star \quad f'(a) = \lim_{\Delta x \to 0} \frac{f(a + \Delta x) - f(a)}{\Delta x}$$

導函數

將微分係數表現成 x 的函數

$$\star \quad f'(x) = \lim_{\Delta x \to 0} \frac{f(x + \Delta x) - f(x)}{\Delta x} = \lim_{\Delta x \to 0} \frac{\Delta y}{\Delta x}$$

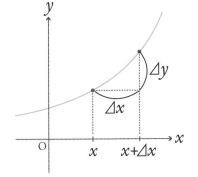

微分中的導函數之寫法

$$\star \quad y' = f' = f'(x) = \frac{dy}{dx} = \frac{df}{dx} = \frac{d}{dx} f(x)$$

n 次函數的微分

★ $(a)' = 0$　　(a：常數)

★ $(x^n)' = nx^{n-1}$

> **例**
>
> $(10)' = 0, \ (x)' = 1, \ (x^2)' = 2x, \ (x^3)' = 3x^2$

導函數的性質①

★ $(af(x))' = af'(x)$　　(a：常數)

★ $\left(f(x) \pm g(x)\right)' = f'(x) \pm g'(x)$

> **例**
>
> $(-2f(x) + 5g(x))' = -2f'(x) + 5g'(x)$

導函數的性質②：乘法的微分公式

★ $(f(x)g(x))' = f'(x)g(x) + f(x)g'(x)$

★ $(f(x)g(x)h(x))'$
　$= f'(x)g(x)h(x) + f(x)g'(x)h(x) + f(x)g(x)h'(x)$

★ $\left(\dfrac{1}{f(x)}\right)' = -\dfrac{f'(x)}{f(x)^2}$

> **例**
>
> $\{(x^2 - 1)(-2x + 3)\}'$
> 　$= 2x(-2x + 3) + (x^2 - 1) \times (-2)$
> 　$= -6x^2 + 6x + 2$

導函數的性質③：合成函數的微分

$y = f(t), t = g(x)$ y 對 x 微分

★ $\dfrac{dy}{dx} = \dfrac{dy}{dt} \cdot \dfrac{dt}{dx}$

例

$y = \left(\dfrac{1}{2}x^2 - 4x - 7\right)^5$ 想要對這個函數微分

$t = \dfrac{1}{2}x^2 - 4x - 7$ 可以設 $y = t^5$

$y' = \dfrac{dy}{dt} \cdot \dfrac{dt}{dx} = 5t^4 \cdot (x - 4)$

$\quad = 5\left(\dfrac{1}{2}x^2 - 4x - 7\right)^4 (x - 4)$

附錄

參考 〉〉〉**三角函數的微分**

★ $(\sin x)' = \cos x$

★ $(\cos x)' = -\sin x$

★ $(\tan x)' = \dfrac{1}{\cos^2 x}$

〉〉〉**指數／對數函數的微分**

★ $(a^x)' = a^x \log a$ （a：常數）

★ $(e^x)' = e^x$ （e：自然對數的底數）

★ $(\log x)' = \dfrac{1}{x}$

積分的基本公式

不定積分　　　　　※ C 為積分常數

$F'(x) = f(x)$

★ $\displaystyle\int f(x)\,dx = \underline{F(x)} + C$

　　　　　　└── 原始函數

n 次函數的積分

★ $\displaystyle\int a\,dx = ax + C$　　(a:常數)

★ $\displaystyle\int x^n\,dx = \frac{1}{n+1}\,x^{n+1} + C$

> **例**
>
> $\displaystyle\int 7\,dx = 7x + C$
>
> $\displaystyle\int x\,dx = \frac{1}{2}x^2 + C$
>
> $\displaystyle\int x^2\,dx = \frac{1}{3}x^3 + C$

不定積分的性質①

★ $\displaystyle\int af(x)\,dx = a\int f(x)\,dx$

★ $\displaystyle\int \{f(x) \pm g(x)\}\,dx = \int f(x)\,dx \pm \int g(x)\,dx$

> 例
>
> $\displaystyle\int (-6x^2 + 2x + 1)\,dx = -2x^3 + x^2 + x + C$

不定積分的性質② 代換積分

如果 $x = g(t)$

★ $\displaystyle\int f(x)\,dx = \int f(x)\,\frac{dx}{dt}\,dt = \int f(g(t))g'(t)\,dt$

不定積分的性質③ 分部積分

如果 $G'(x) = g(x)$

★ $\displaystyle\int f(x)g(x)\,dx = f(x)G(x) - \int f'(x)G(x)\,dx$

積分的基本公式

參考 〉〉〉三角函數的積分

$$\star \int \sin x \, dx = -\cos x + C$$

$$\star \int \cos x \, dx = \sin x + C$$

$$\star \int \tan x \, dx = -\log|\cos x| + C$$

〉〉〉指數／對數函數的積分

$$\star \int \frac{1}{x} \, dx = \log|x| + C \qquad (a：常數)$$

$$\star \int e^x \, dx = e^x + C \qquad (e：自然對數的底數)$$

$$\star \int a^x \, dx = \frac{a^x}{\log a} + C$$

定積分　微積分基本定理

$F'(x) = f(x)$ 時

$$\star \int_a^b f(x) \, dx = [F(x)]_a^b = F(b) - F(a)$$

定積分的性質①

※ 與不定積分的性質相同

$$\star \int_a^b f(x)\,dx = -\int_b^a f(x)\,dx$$

如果 $f(x)$ 是偶函數

$$\star \int_{-a}^a f(x)\,dx = 2\int_0^a f(x)\,dx$$

如果 $f(x)$ 是奇函數

$$\star \int_{-a}^a f(x)\,dx = 0$$

偶函數：$f(-x) = f(x)$
為左右對稱的函數

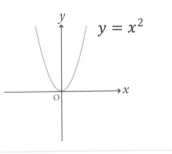

$y = x^2$

奇函數：$f(-x) = -f(x)$
為點對稱的函數

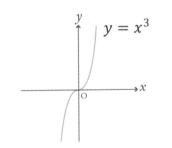

$y = x^3$

定積分的性質②

當 $f(t)$ 不包含 x，而且 $x > a$

$$\star \frac{d}{dx}\int_a^x f(t)\,dt = f(x)$$

積分的基本公式

定積分的性質③ 計算二次函數

★ $\displaystyle\int_{\alpha}^{\beta}(x-\alpha)(x-\beta)\,dx = -\frac{1}{6}(\beta-\alpha)^3$

以定積分計算面積的方法① 曲線與 x 軸圍成的面積

如果 $a \leqq x \leqq b$，$f(x) \geqq 0$

★ $\displaystyle\int_{a}^{b}|f(x)|\,dx = [F(x)]_{a}^{b} = F(b)-F(a)$

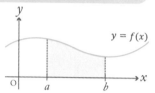

如果 $a \leqq x \leqq c$，$f(x) \geqq 0$，且 $c \leqq x \leqq b$，$f(x) \leqq 0$ 則

★ $\displaystyle\int_{a}^{b}|f(x)|\,dx = \int_{a}^{c}f(x)\,dx + \left(-\int_{c}^{b}f(x)\,dx\right)$

$\quad = [F(x)]_{a}^{c} - [F(x)]_{c}^{b}$

$\quad = F(c)-F(a) - \big(F(b)-F(c)\big)$

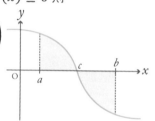

以定積分計算面積的方法② 二次曲線所圍成的面積

如果 $a \leqq x \leqq b$，$f(x) \geqq g(x)$

★ $\displaystyle\int_{a}^{b}|f(x)-g(x)|\,dx = \int_{a}^{b}\{f(x)-g(x)\}\,dx$

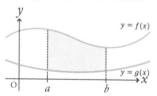

如果 $a \leqq x \leqq c$，$f(x) \geqq g(x)$ 且 $c \leqq x \leqq b$，$f(x) \leqq g(x)$ 則

★ $\displaystyle\int_{a}^{b}|f(x)-g(x)|\,dx$

$\quad = \displaystyle\int_{a}^{c}\{f(x)-g(x)\}\,dx + \int_{c}^{b}\{g(x)-f(x)\}\,dx$

以定積分計算體積的方法① 立體的體積

在範圍 $a \leqq x \leqq b$ 內，立體的
截面積以 $S(x)$ 表示

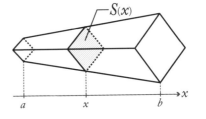

$$\bigstar \ V = \int_a^b S(x)\,dx$$

以定積分計算體積的方法② 旋轉體的體積

● 繞 x 軸旋轉的旋轉體

在範圍 $a \leqq x \leqq b$ 內，將 $f(x)$ 以 x
軸為中心旋轉，所得到的旋轉體體積。

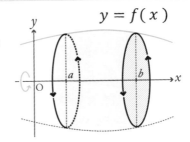

$$\bigstar \ V = \int_a^b \pi f(x)^2\,dx$$

● 繞 y 軸旋轉的旋轉體

在範圍 $a \leqq x \leqq b$ 內，$g(y)$ 以 y 軸
為中心旋轉，所得到的旋轉體體積。

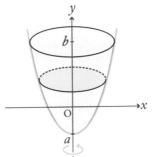

$$\bigstar \ V = \int_a^b \pi g(y)^2\,dy$$

● 年輪蛋糕分割法

在範圍 $a \leqq x \leqq b$ 內，將 $f(x)$ 以 y
軸為中心旋轉，所得到的旋轉體體積。

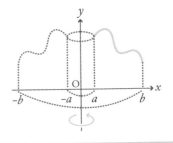

$$\bigstar \ V = \int_a^b 2\pi x f(x)\,dx$$

可以用電腦做簡單的繪圖嗎？

有一個通過二次函數 $y=x^2$ 的點（2,4），通過此點的切線 $f'(2)$=2×2=4，依據上述我們可以知道斜率是 4。

關於曲線和切線，我們可以使用電腦軟體「EXCEL」來簡單繪製圖形。如下圖，我們先將函數的數值輸入。讓 x 值從 0 到 4 做變化。為了可以得到一條平滑（接近連續）的線，我們讓數值以間隔 0.1 的方式「0、0.1…」輸入（使用自動填入功能來複製我們的數據是很方便的）。接下來是輸入二次函數 $y=x^2$ 的數值。在其中一個格子內填入「=A2^2」，因為自動填入系統會將數據套至計算式中，因此我們就會有「0、0.01…」這樣的結果。依據同樣的方式，對於切線 $y=4x-4$ 在表格中填入「=4*A2-4」，自動填入系統也會將數據套至計算式中，因此我們就有「-4、-3.6……」的結果。這些表格中的數值，如果運用圖表精靈的散佈圖（平滑曲線圖），就可得下圖。因為自圖表中，函數和切線一目了然，因此可以快速地理解。即使再複雜的計算，也能運用圖表完成，試著查閱相關資料再一步步完成它會很好玩喔。

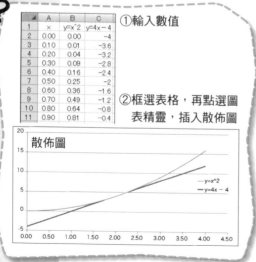

①輸入數值

②框選表格，再點選圖表精靈，插入散佈圖

索引

索引

〈参考文献〉

『Excelでわかる数学の基礎［新版］』
酒井 恒 著／2008／日本理工出版会

『これはすごい！ 数学が使える人の問題解決法』
柳谷 晃 著／2005／丸善

『これ以上やさしく書けない微分・積分』
小林 吹代 著／2006／PHP研究所

『ズバリ図解 微分積分』
微分積分プロジェクト 著／2007／ぶんか社

『ゼロからわかる微分・積分』
深川 和久 著／2006／ベレ出版

『パラドックス！』
林 晋 著／2000／日本評論社

『やさしく学べる微分積分』
石村 園子 著／1999／共立出版

『雑学読本NHK天気質問箱』
平井 信行 著／2001／日本放送出版協会

『身近な数学の歴史』
船山 良三 著／1991／東洋書店

『図解雑学 わかる微分・積分』
今野 紀雄 監／1998／ナツメ社

『世界一やさしい金融工学の本です』
田渕 直也 著／2007／日本実業出版社

『微分・積分がかんたんにマスターできる本』
間地 秀三 著／2008／明日香出版社

『微分・積分のしくみ』
岡部 恒治 著／1999／日本実業出版社

『微分と積分 超入門』
平野 葉一 著／2001／日本実業出版社

『微分積分はわかるとおもしろい』
野口 哲典 著／2004／オーエス出版

『復刻版ギリシア数学史』
T・L・ヒース 著／平田 寛・菊池 俊彦・大沼 正則 訳／1998／共立出版

『物理と数学の不思議な関係』
マルコム・E・ラインズ 著／青木 薫 訳／2004／早川書房

『忘れてしまった高校の微分積分を復習する本』
浅見 尚 著／2003／中経出版

『面白いほどよくわかる微分積分』
大上 丈彦 監／2004／日本文芸社

『和算の驚き』
小山 信 著／2005／新生出版

圖解　微分、積分【暢銷修訂版】

原著書名	イラスト図解　微分・積分
監　　修	深川和久
譯　　者	石大中、林哲銘
出　　版	積木文化
總 編 輯	江家華
特約編輯	魏嘉儀
責任編輯	李華
校　　對	鄭博允
編輯助理	陳佳欣
版　　權	沈家心
行銷業務	陳紫晴、羅仔伶

發 行 人	何飛鵬
事業群總經理	謝至平

城邦文化出版事業股份有限公司

　　　　台北市南港區昆陽街16號4樓
　　　　電話：886-2-2500-0888；傳真：886-2-2500-1951

發　　行　英屬蓋曼群島商家庭傳媒股份有限公司城邦分公司
　　　　台北市南港區昆陽街16號8樓
　　　　客服專線：02-25007718；02-25007719
　　　　24小時傳真專線：02-25001990；02-25001991
　　　　服務時間：週一至週五上午09:30-12:00；下午13:30-17:00
　　　　劃撥帳號：19863813　戶名：書虫股份有限公司
　　　　讀者服務信箱：service@readingclub.com.tw
　　　　城邦網址：http://www.cite.com.tw

香港發行所　城邦（香港）出版集團有限公司
　　　　地址：香港九龍土瓜灣土瓜灣道86號順聯工業大廈6樓A室
　　　　電話：(852)25086231 ｜ 傳真：(852)25789337
　　　　電子信箱：hkcite@biznetvigator.com

馬新發行所　城邦（馬新）出版集團 Cite（M）Sdn Bhd
41, Jalan Radin Anum, Bandar Baru Sri Petaling, 57000 Kuala Lumpur, Malaysia.
電話：(603) 90563833 ｜ 傳真：(603) 90576622
電子信箱：services@cite.my

封面設計	李俊輝
內頁排版	優克居有限公司
製版印刷	上晴彩色印刷製版有限公司

城邦讀書花園
www.cite.com.tw

國家圖書館出版品預行編目資料

圖解微分、積分/深川和久監修；石大
中, 林哲銘譯. -- 二版. -- 臺北市：積木文
化出版：英屬蓋曼群島商家庭傳媒股份有
限公司城邦分公司發行, 2023.11
　面；　公分
譯自：イラスト解　微分・積分
ISBN 978-986-459-539-6(平裝)

1.CST: 微積分

314.1　　　　　　　　112017158

ILLUST ZUKAI BIBUN・SEKIBUN supervised by Yasuhisa Fukagawa
Copyright © Yasuhisa Fukagawa, 2009
All rights reserved. Original Japanese edition published by Nitto Shoin Honsha Co., Ltd.
This Traditional Chinese language edition is published by arrangement with Nitto Shoin
Honsha Co., Ltd., Tokyo in care of Tuttle-Mori Agency, Inc., Tokyo through Bardon-Chinese
Media Agency, Taipei.

【印刷版】
2012年6月7日　初版一刷
2024年8月23日　二版三刷
售　價／NT$360
ISBN 978-986-459-539-6

【電子版】
2023 年 11 月
ISBN 978-986-459-546-4（EPUB）

Printed in Taiwan.
版權所有・不得翻印